はじめに

この国の地形は、「4つの力」が生み出しました。

その第一の力は、「プレートの力」です。日本列島[illegible]大陸プレートが複雑に絡み合う、地球規模で見ても特異な場[illegible]、そもそも、そういう位置にあるからこそ、プレートの力によ[illegible]陸の端っこから引っぺがされ、この弧状列島は生まれたので[illegible]

そして、プレートは衝突し合うことによって[illegible]させました。その衝撃で大地はうねり曲がり、日本アルプスが盛り上[illegible]大量のマグマが生まれることで、富士山や阿蘇山など、多数の火山が火を噴き[illegible]じめました。

そうして生まれた「山」は、地形を生み出す第2のパワーとなりました。山は雨水を集めて「川」を生み出し、火山灰を降り積もらせて「台地」を形づくりました。

ときには、崩壊して川をせきとめ、「湖」を誕生させました。

そして、山から生まれた川は、地形を生み出す第3の力となりました。川は、生みの親である山を削って土砂を運び出し、上流部から下流部に至るまで、地形を作り変えてきたのです。

そして、第4は、私たち「人間の力」です。私たちの祖先、そして私たちは、粘土細工をするように、この国の地形に手を加えてきました。山を削り、川筋を変え、湿地帯を稲田につくり変え、海岸部を埋め立ててきました。

そうした「4つの力」によって、生み出されたのが、今の日本の地形です。それがどうやって生まれてきたか、この「はじめに」では、そのあらすじをごく簡単に述べましたが、本文では詳しく解説しながら、興味深い日本の地形の不思議と謎を解き明かしていきたいと思います。

本書でしばしの間、日本列島の不思議と謎を楽しむツアーにご参加いただければ幸いに思います。

２０２２年７月

おもしろ地理学会

地形で解く　すごい日本列島＊目次

1章　地形で解く「川」と「湖」のなぜ？ —— 13

4章　地形で解く「岩石」「土壌」のなぜ？――111

5章　地形で解く「日本列島」のなぜ？――135

6章　地形で解く「気象」のなぜ？——155

カバー写真提供■北海道地図／アフロ
長野県 松本盆地を諏訪市上空より望む
本文写真提供■Adobestock
DTP■フジマックフィス

1章

地形で解く「川」と「湖」のなぜ？

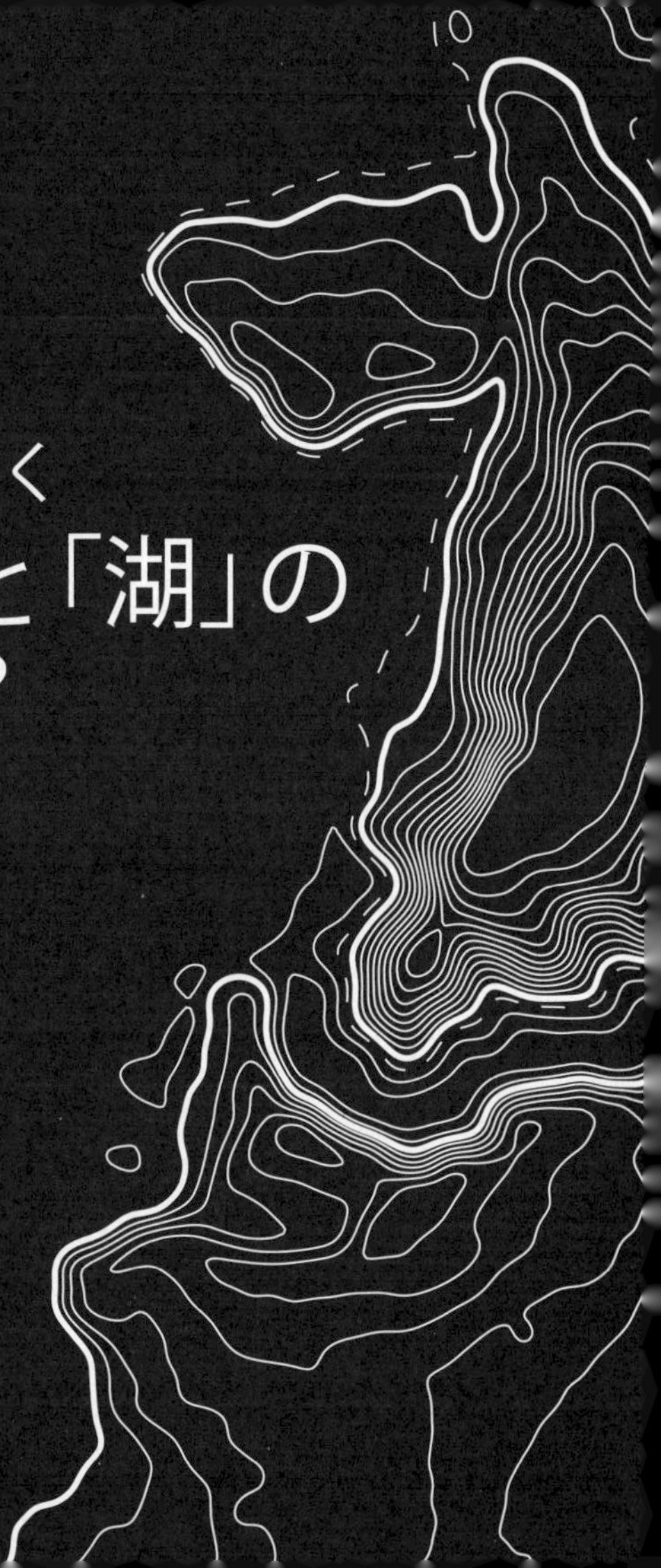

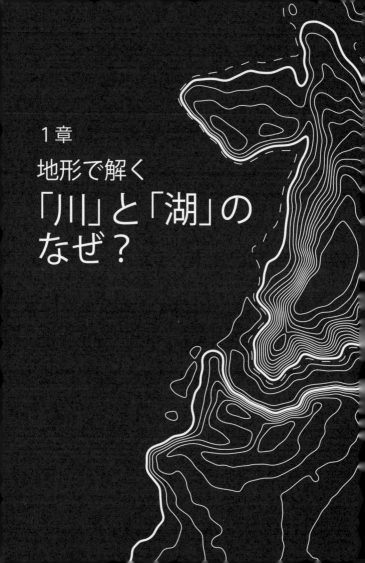

川の誕生
どうやってうまれ、地形にどう作用する？

「はじめに」で、この国の地形をつくった「4つの力」のひとつとして、「川の力」を挙げました。まずは、その「川」をめぐる謎の解明から、本書をはじめましょう。とにかく、川は大規模な「土木事業」をやってのけます。そのパワーは、世界最大の「ゼネコン」といってもいいでしょう。

そのゼネコンはどうやって生まれたのか、つまり「川はどうやって流れはじめるのか？」——そこから、話をはじめます。

川の源となるのは、空から降ってくる「雨」です。地面（とくに山）に降った雨は、高い土地から低い土地に向かって、水の流れをつくります。そうした細流が、たくさん集まって、渓流の原型ができます。

その渓流が、さらに細流を集めながら、水量を増し、やがて川らしくなってきます。

その間、流れている水のかなりの部分が、地面のなかに吸い込まれていくのですが、それでも水かさが増えていくのは、流れ込んでくる水の量のほうが多いからです。つまり、この国には雨がよく降るから、たくさんの川が流れているのです。

川の3つの作用
東京23区にも「渓谷」ができたのは？

その川が最大級のゼネコンだというのは、地形に及ぼす3つの力を持っているからです。「浸食」「運搬」「堆積」の3作用です。川は、地面を削り（浸食）、土砂を運び（運搬）、運んだ土砂を積もらせて（堆積）、地形を変えていくのです。

まずは、川が「浸食」によって、地形をどのように変えていくか、見ていきましょう。

その好例となるのが、東京都世田谷区にある「等々力《とどろき》渓谷」です。

同渓谷は、23区内唯一の自然渓谷で、東急大井町線の等々力駅のそばにあって、高級住宅地を長さ約1キロにわたって貫いています。近隣の住宅地との標高差は約

10メートルもあり、その上と下では気温が3～4度もちがいます。川の「浸食」する力は、東京都内にさえ、そのような渓谷をつくってしまうのです。

同渓谷は、多摩地方から伸びている「国分寺崖線《がいせん》」の南端にあたります。国分寺崖線は、多摩川が武蔵野台地を削りとってできた段丘《だんきゅう》（階段状の地形）であり、その段丘がさらに川の力によって浸食されて、刻まれたのが等々力渓谷なのです。

2種類の谷
「侵食谷」と「構造谷」のちがいは何？

ここで、自然地理学や地学で、「谷」をどう分類するか、紹介しておきましょう。

まず、「谷」は、大きく「侵食谷」と「構造谷」に分けられます。

「侵食谷」は、川のほか、波や風、氷河など、地球の〝外側の力〟によってできる谷です。さらに、できる原因によって、河川侵食谷や氷食谷、海食谷、風食谷などに分けられます。なお、この本では、川が地面を削りとることは「浸食」と書き、それ以外の海（波）や風によって削りとられることは「侵食」と書くことにします。

ただし、「河川侵食谷」は「侵食」と書くのが自然地理学の決まりです。

その「河川侵食谷」は、川の浸食によってできる谷の総称で、「河谷《かこく》」とも呼ばれます。そのうち、谷が深く切れ込むと、「峡谷」や「V字谷《ぶいじこく》」（断面がV字の形の谷という意）と呼ばれます。それらは、おおむね山中にあって「○○峡」と呼ばれるような深い谷です。たとえば、天竜峡（長野）や保津《ほづ》峡（京都）、黒部峡谷（富山）などが、これにあたります。

日本の全国観光地百選の「渓谷の部」で一位となった昇仙峡（山梨県）も、川の浸食作用がつくり出した「V字谷」です。荒川が甲府盆地を出る直前で、花崗岩《かこうがん》などを削ってつくり出しました。垂直に近い谷壁が約5キロにわたってそびえ、深い渓谷をつくっています。

次に、「氷食谷」は、氷河の侵食によってできる谷で、「U字谷」（断面がUの字の形の谷）とも呼ばれます。

U字谷は、氷食地形に使う言葉で、川がつくり出す「V字谷」とは、別の地形用語です。名前は似ていますが、両者には大きなちがいがあって、「V字谷」は、水流によって、谷底が尖ったV字の形に浸食されていきます。一方、U字谷は、氷河が水よりもはるかに重く、しかもゆっくり動くため、谷の底面が氷河の重量で平たくつぶれて、U字のような形になるのです。

後に詳しく述べますが、そのU字谷の底に海水が流れ込んでくると、「フィヨルド」になり、V字谷の底に流れ込むと、「リアス海岸」になります。両者は混同されやすいのですが、地理学的には、まったく別の地形として扱われています。

次いで、「海食谷」は、海（波や潮流）の侵食によって生まれた谷、そして「風食谷」は風化が原因で生まれた谷です。

さて、それらの「侵食谷」が地球の外部で働く力によって生まれたのに対して、「構造谷」は、おもに地球内部からの力でできた谷の総称です。断層運動や褶曲《しゅうきょく》など、浸食・侵食以外の原因でできた谷を指します。

そのうち、断層運動によってできた谷は「断層谷」、褶曲によってできた谷は「褶曲谷」と呼ばれます。たとえば、奈良県や和歌山県を流れる吉野川や紀ノ川は、もともとは断層谷でした。その谷（低い土地）に水が流れ込んで、やがて南近畿地方を代表する川に育ったのです。

扇状地ができるまで 日本の平野は、どうやってできる？

では、次に川の「運搬力」が、地形にどのような影響を与えるかについて見ていきましょう。

川は、山中で浸食力を発揮して、渓谷やV字谷をつくると、やがて山から流れ出して、傾斜がゆるやかな土地に到着します。そして、そこに土砂を運び込んで、「平野」を生み出します。それが、日本に多数ある「沖積《ちゅうせき》平野」です。

より細かく見ると、典型的な沖積平野では、川の上流から下流に向かって、「扇《せん》状地《じょうち》」、「氾濫原《はんらんげん》」（自然堤防と後背湿地）、「三角州《さんかくす》」の順に並びます。

まず、「扇状地」は、山の出口、山裾に広がる扇形の平坦な地形です。

山の出口で傾斜が小さくなると、川の流れはゆるやかになり、土砂を運ぶ力が衰えます。そこまで運んできた土砂をすべては運べなくなって、土砂の堆積がはじまります。そして、川は、水かさが増して氾濫するたびに、流路を左右に変えるので、運べなくなった土砂は扇形に広がりながら堆積していくのです。

そのため、扇状地が発達するには、2つの条件が必要です。第一には、山地から十分な土砂の供給があること。そして第二には、河川が左右に流路を振れるだけの土地があることです。

なお、扇状地は、「形」は下流に広がる「三角州」と似ていますが、両者は地理学的、地質学的にはまったくの別物です。

では、日本には、どのような扇状地があるのか、いくつか紹介していきましょう。

まず、地学の教科書などによく登場する典型的な扇状地に、石川県の手取川《てどりがわ》がつくった扇状地があります。

手取川は、白山を水源とする一級河川であり、日本有数の急流でもあります。要するに、流れの速い大きな川である分、大量の土砂を運び込んで、傾斜がゆるやかになったところで、見事に扇形に開いた扇状地をつくっているのです。

また、よく知られた土地では、京都の南部にも扇状地が開いています。鴨川、宇治川、桂川がその集合地点で扇状地をつくり、その端にあるのが伏見の町です。

次項で述べるように、扇状地では川が伏流水となりやすいのですが、扇状地の端っこにある伏見では、その伏流水が湧き出して、良質の水に恵まれています。それが、有名な伏見の酒造りに利用されてきたのです。

また変わったところでは、静岡県の観光スポット「日本平《だいら》」は、もとは扇状地でした。いまの日本平は、標高307メートルの有度山《うどやま》の頂上周辺に、平坦に広がった場所ですが、もとは近くを流れる安倍川が運んできた土砂の堆積した扇状地でした。それが、約10万年前、隆起して、いまのような丘陵地帯になったのです。

扇状地の謎
水不足になりやすく、洪水にもなりやすい⁉

扇状地は平野の一部として、昔から集落が発達し、農耕地として利用されてきましたが、そうして人が利用するには、ひとつの難点がありました。

水不足に陥りやすいことです。地質学的には「乏水地《ぼうすいち》」と呼ばれ、とりわけ昔は水の確保が難しかったため、稲作は難しく、おもに畑や果樹の栽培に利用されてきました。

扇状地で水の確保が難しいのは、「水はけがよすぎる」からです。扇状地は表土が薄く、その地層の下は細かい石状の礫層《れきそう》であることが多いため、川の水が地下へもぐり、伏流水になりやすいのです。すると、昔は、くみあげるのが大変で、水田を水で満たすことができなかったのです。

たとえば、山梨県の甲府盆地で、古くからブドウを中心とした果物栽培が盛んなのも、そこが扇状地であることと関係しています。甲府盆地は、笛吹川と釜無川の扇状地として開けた水はけのよい（よすぎる）土地です。そのため、昔は、稲作が難しく、ブドウなどの果樹栽培が盛んになったのです。

ただし、何事にも例外はあるもので、富山県を流れる黒部川の扇状地には、水田が広がっています。しかも、「黒部米」はおいしいことで有名です。

この扇状地では、古くから稲作が行われてきたのですが、それは黒部川がひじょうに水流の多い川であることが関係しています。土地の水はけがよくても、それを埋めるだけの水が流れてくるので、水が涸れることがないのです。

扇状地は、水不足になりやすいと同時に、洪水が起きやすい土地でもあります。「フラッシュ・フラッド」と呼ばれる、発生からピークまでの時間が短い鉄砲水が出ることがあるのです。

扇状地は山裾にあるので、河川の勾配がまだ急です。下流よりは流れが速いため、いったん氾濫すると、土石流を伴って、すさまじいスピードで流れ落ちるのです。

氾濫原
川の氾濫が作り出す「自然堤防」「後背湿地」とは？

次いで、川はその運搬力で「氾濫原」をつくり出します。場所は、扇状地のやや下流の中流地域です。この「氾濫原」という言葉をよく見ていただきたいのですが、これは川の氾濫の「源」ではなく、川の氾濫がつくり出す「原っぱ」のような場所です。

氾濫原は、「自然堤防」と「後背湿地」によって、構成されます。

そのうち、「自然堤防」は、川筋の両側に形成される小高い土地のこと。川が氾濫し、川筋から溢《あふ》れ出た土砂が、河岸に積み上がることによって、小高い土地ができるのです。「堤防」といっても、人工の堤防よりは、はるかに幅は広く、その上には昔から集落が発達してきたくらいです。次にお話しする「後背湿地」よりも、土地が小高くなるため、洪水の被害にあいにくいからです。

じっさい、昔の地形が残っている場所の空中写真を見ると、家並が蛇行するように並んでいる場所があるものです。それは昔、蛇行した川がつくり出した自然堤防の上に、農家が立ち並んでいたことの名残りです。

そして、自然堤防の背後には、平坦な土地が開けます。氾濫したとき、自然堤防を乗り越えて、その背後にまで溢れ出した水や土砂が、洪水がおさまったあと、川筋に戻れなくなることによって、できる低地です。

そうした土地が「後背湿地」です。おもに粘土が堆積し、水はけが悪くなることで、湿地化するのです。ただし、その水はけの悪さが長所となって、稲作に利用され、水田が広がることになりました。

現在では、その水田が開発されて、住宅地になっているところが多いのですが、もともとが湿地であり、水田であるだけに、扇状地や自然堤防上よりも、地盤が軟弱なことが難点です。

三角州
傾斜がもっともゆるやかな最下流の〝デルタ〟とは？

そして、川の最下流には「三角州」が広がります。河口近くに土砂が堆積してできる三角形の平坦な地形です。

下流では、土地の勾配がいよいよゆるやかになって、水流はさらに衰え、川は運んできた土砂のうち、すべてを海まで運び込むことができなくなります。そのため、河口部には、〝流し残し〟の土砂が堆積し、三角形に広がる低地ができるのです。

別名「デルタ」と呼ばれるのは、ギリシャ文字の「デルタ」の大文字Δのような形に土地が広がるからです。

世界の大河は、おおむね河口部で三角州をつくっています。有名な三角州に「ナイルデルタ」「メコンデルタ」「アマゾンデルタ」「インダスデルタ」「ガンジスデルタ」「黄河デルタ」「長江デルタ」などがあり、それぞれ大都市圏を形成しています。

いわゆる「四大文明」も、そうした土地で誕生しました。

日本では、広島市が、典型的な三角州の上にできた都市です。広島市は、太田川の河口デルタの上に建設された街なのです。

そのため、広島市は地盤が強くない。大都市のなかでは、珍しく地下鉄がないのも、そのためといわれます。地下を掘りすすむと、すぐに地下水が溢れ出るため、地下鉄の建設コストが割高にならざるをえません。そこで、地下鉄建設を断念し、その分、大都市では珍しくなった路面電車がいまも生き残っているというわけです。

ただし、広島市には、いまは新交通システムの「アストラムライン」が走り、総延長18・4キロのうち、3駅間分、1・9キロだけは地下を走っています。そのため、「広島市に地下鉄はないというのは、厳密には間違い」というマニアもいます。

濃尾平野と大阪平野
日本を代表する沖積平野は、どうやってできた？

濃尾平野は、岐阜県と愛知県にまたがる面積1800平方キロの広大な平野です。おもに木曽川がつくり出し、「扇状地→氾濫原→三角州」とつづく平野の成立過程がよくわかる沖積平野の典型例です。

まず、木曽川の上流には、半径約12キロもの「犬山扇状地」が扇形に開き、その南側には、濃尾平野が本格的に広がっています。そこは、もともとは木曽川、長良川、揖斐《いび》川のいわゆる「木曽三川《さんせん》」が運んだ土砂によってできた氾濫原でした。そして、同平野の最南部、伊勢湾の手前には、三角州が広がっています。

一方、大阪府の中央部を占める大阪平野は、淀川の運搬力と堆積作用が生み出した面積１６００平方キロの平野です。

淀川は、琵琶湖から大阪湾へ流れる川で、約75キロとさほど長い川ではありません。ただし、９６５本もの支流をもち、京都の鴨川や桂川、大阪の安治川、木津川、道頓堀川、堂島川、天満川、土佐堀川、寝屋川などは、すべて淀川の支流にカウントされます。

それらの本流、支流が氾濫を起こしながら、いまの大阪の地に多量の土砂を運び込んできました。それが海を埋めて、湿地帯をつくり、その上に人間が町をつくってきました。大阪が「八百八橋」の町といわれてきたのは、淀川の多数の支流に営々と橋が架けられてきたからです。

また、日本最大の平野である関東平野の形成にも、むろん「川の力」が関係しているのですが、それについては、後にお話ししましょう。

河岸段丘 なぜ、仙台の街は海から離れた高地にあるの？

「河岸段丘《かがんだんきゅう》」とは、川沿いにできる階段状の地形のこと。川の運搬力によって土砂が堆積すると、最初は平らな川原ができます。そこにさらに土砂が運ばれたり、一部が隆起したりして、川原が盛り上がります。すると、川の浸食力が強くなって、川は川底をより深く狭く削って、より低いところを流れるようになります。それが繰り返されて、川沿いに階段状の地形ができていくのです。

日本列島には無数の河岸段丘があり、戦国時代には、天然の要害として、城を建てる適地とされていました。そのため、城下町も河岸段丘上、あるいはその近くに広がることになり、その名残りで、いまもこの国では、多くの街々が河岸段丘周辺に広がっています。

その好例が、伊達政宗が築いた仙台城（青葉城）と、その城下町・仙台です。

もともと、この地域では、広瀬川が河岸段丘を形づくっていました。低い側から「下町段丘」「中町段丘」「上町段丘」と3つの段丘に分かれていたのですが、政宗は、その上に城下町をつくったのです。

そして、仙台城は、それよりもさらに高い青葉山の上に築かれました。東には広瀬川が削った断崖、西は原生林、南にも深い渓谷があるという天然の要害です。

ほかにも、こうした平城、あるいは平山城《ひらやまじろ》には、河岸段丘を利用した城が多数あります。平地に建てる平城であっても、ほかの土地よりも高い河岸段丘を利用すると、防衛力だけでなく、統治のシンボルとしての権威も増すことになったからです。

河畔砂丘
川沿いにできる砂丘の謎とは？

もうひとつ、川がつくり出す地形を紹介しておきます。「河畔《かはん》砂丘」です。

「砂丘」というと、鳥取砂丘など、「海岸線にできるもの」というイメージがありますが、砂丘は川沿いにもできるのです。

河畔砂丘は、風に運ばれた砂が、河畔に堆積して丘状になってできる内陸型の砂丘です。これができるには、いくつかの条件が必要です。

まずは、川の流れが蛇行していて、岸辺に砂が運ばれやすいこと。そして、強風が吹き、砂の集まる場所であること。そして、当たり前ながら、上流から砂が供給されることです。現在、河畔砂丘は、日本では、最上川や木曽川、利根川などの大きな川の流域にしか残っていない珍しい地形です。かつては、ほかの川沿いにもあったのですが、堤防の拡幅工事などで、大半はこわされてしまったのです。

現在、残っているなかでは、利根川沿いの加須《かぞ》市の「志多見砂丘」が最大規模を誇ります。長さは２５５０メートル、最大幅は25メートルで、低地との高低の差は６・２メートルもあって、埼玉県の自然環境保全地域に指定されています。

この砂丘は、平安時代から鎌倉時代にかけて、浅間山の噴火物が風で運ばれてきて、堆積したものと見られます。

ほかにも、利根川流域では、23の河畔砂丘、あるいはその痕跡が確認されています。ただし、砂丘を崩すと、砂を簡単に採取できることから、東京に近いこともあって高度成長時代に建築用に削りとられ、原型をとどめているものはほとんど残っていません。

日本の〝大河〟どうして大きな川は東日本に集中しているの？

日本地図を開くと、大きな川は東日本に集中していることがわかります。日本一の長さを誇る信濃川（長野県内では千曲川《ちくまがわ》と呼ばれます）も、日本一の流域面積を誇る利根川も、ともに東日本を流れています。

じっさい、東日本には、長さ200キロを超える川が10もあるのに対して、西日本にはゼロ。流域面積も、東日本には1万平方キロを超える川が4つあるのに対して、西日本では淀川の約8000平方キロが最大です。

東日本に大きな川が集中している一番の理由は、「高山が東日本に集中していること」です。関西以西の西日本には、2000メートル級の山がひとつもありません。一方、東日本には3000メートル級の山々が連なっています。むろん、山は高い（容積が大きい）ほど、より多くの水を集めます。

たとえば、静岡県を代表する4本の川（天竜川、大井川、安倍川、富士川）は、「東海型河川」と総称されますが、この地に大きな川が流れているのは、その背後に南アルプス（赤石山脈）があるからです。

最高峰の北岳（標高3192メートル）をはじめ、3000メートル級の山が多数そびえ、東海型河川に豊富な水を供給しているのです。

また、西日本は、平野部が狭いため、山から流れ出た川がすぐに海に達してしまいます。一方、東日本には、日本最大の関東平野があるほか、ほかの平野も西日本に比べれば、比較的広めです。そこを流れて長さを稼ぐため、東日本の川は長くなり、また流域面積を広げることになるのです。

川幅の秘密
日本で最も川幅が広いのは、なぜか荒川⁉

では、日本の川のなかで「川幅が最も広い川」はどの川でしょう？　こう問われればば、信濃川や利根川をイメージする人が多いと思いますが、正解はそのどちらでもなく、埼玉県や東京都を流れる荒川です。

その最大の川幅は2537メートル。しかも、通常、川の幅は「河口で最大に広がる」ものですが、荒川は川幅が最大になるのは、河口から60キロもさかのぼった地点なのです。埼玉県の吉見町内で、最大に広がります。

そのような不思議なことになった原因は、荒川がかつて名前どおりの暴《あば》れ川だったことと関係しています。

荒川はかつて氾濫を繰り返し、流域に大被害を与えていました。その氾濫対策のため、中流部に広い「河川敷」がつくられることになったのです。この「河川敷」も、川幅にカウントされます。

「河川敷」は、ふだんは水が流れていませんが、大雨が降ると、両岸近くの空き地が上流から流れてくる水を受け止めます。とりわけ、荒川の下流には、東京市街が広がっています。そこで、暴れ川から東京を守るため、とりわけ広い河川敷が用意されることになったのです。

また、荒川は、平坦な関東平野を流れているため、中流から下流にかけて、高低差がほとんどありません。中流で溢れ出す危険性が大きいため、吉見町あたりの中流域にも、大水を受け止める河川敷をつくる必要が生じ、河川敷が広げられることになったのです。

川の流れる向き
山に向かって流れる四万十川の不思議とは?

日本列島の太平洋岸では、川はおおむね南向きに流れています。ところが、まれに反対方向に流れる川もあります。

たとえば、日本を代表する清流、高知県の四万十川《しまんとがわ》(全長196キロ)はその代表格です。

四万十川は、四国山地から、いったんは太平洋の近くまで流れるのですが、海まであと8キロという地点で、今度は反対方向の山に向かって流れはじめるのです。

そして、約100キロもえんえんと遠回りをしたあと、ようやく海にそそぎ込むという変わったルートをたどります。

四万十川がそのような不思議な流れ方をするのは、この川の水流がひじょうに強かったことに理由があります。

大昔、四万十川の周囲の地形はごく平坦で、高低差はほとんどなく、川はより低い場所へ向かって自由に流れていました。

その後、川の周囲の土地が隆起して、山や丘陵地帯ができました。ふつう川はそれらの高地にさえぎられて、川筋を変えていくのですが、四万十川は流れがひじょうに強かったため、水流が山や丘陵を削って、同じ川筋を流れつづけたのです。つまり、四万十川は山に向かっても流れたのです。

その後、さらに山や丘が隆起するなど、地形は変わりつづけますが、四万十川はやはり山や丘を削って、基本的に同じ川筋を流れつづけました。そうして、四万十川は山に向かって流れる部分が生じたのです。

ほかには、京都の「哲学の道」沿いの川も、太平洋側の常識に反して、北向きに流れています。京都でも、鴨川などほかの川は、北から南へと流れているのですが、この原則に当てはまらないのが「哲学の道」沿いの川なのです。

ただし、その理由は、四万十川とは大きくちがい、この川が「人工的に造られた疏水」であることにあります。

その川は正式には「琵琶湖疏水分線」と呼ばれ、琵琶湖から水を引き入れる疏水の分流として、山沿いにつくられたものです。そして、北側にある浄水場方面へ水を送るため、南から北へ流れることになったのです。

そして、その疏水に沿って整備されたのが、南禅寺から銀閣寺までつづく「哲学の道」というわけです。

川と県境・区境
境界がやけにクネクネしているのは、川が原因!?

川は、自治体どうしの「境界線」になることが多いのですが、ときに複雑な境界線を生み出すことがあります。

たとえば、東京の下町地区（墨田区、荒川区、葛飾区、台東区、足立区、江東区、江戸川区など）の各区どうしの境界線は、妙にクネクネしています。これらの区どうしの境界線には、山の手とちがって直線部分があまりないのです。それは、川が境界になっていることが原因です。

東京（江戸）の下町には、江戸時代から、利根川、隅田川、江戸川、中川など、多数の川が流れ、近代以降には、荒川放水路と中川放水路が新たにつくられました。

そのうち、江戸時代からある川は、クネクネと蛇行し、その曲がりくねった川を後に各区の境界としたため、下町では境界線が曲がりくねることになったのです。

たとえば、墨田区と江戸川区は、古くからの旧中川が境界となっているため、区境がクネクネしています。

また、葛飾区と足立区や葛飾区と江戸川区の間は、いまは川は存在しませんが、境界線はクネクネしています。それは、かつて、そこに川があったからです。たとえば、葛飾区と足立区の間には、かつては古隅田川が流れ、伝統的に土地の境界と意識されていました。その名残りがいまの区境にも残っているのです。

一方、同じ下町でも、葛飾区と墨田区や、江戸川区と江東区の境界線には、直線部分があります。それは、近代に生まれた荒川放水路を境界としているためです。

また、日本全体に目を向けると、県と県の境が妙に曲がりくねっているのも、川が原因になっていることがあります。たとえば、福岡県と佐賀県の県境がひじょうに複雑なのも、川の影響です。

両県の境界線は、筑後川を何度も横切っているのですが、これはかつて蛇行していた筑後川の川筋が県境になっているからです。

筑後川は、九州最大の川であり、同時に暴れ川でもあります。その暴れ川を治めるため、江戸時代から治水工事が行われ、大正12年からの大改修で、川筋が直線化されました。

福岡県と佐賀県の県境は、その大改修以前、激しく蛇行していた時代の筑後川に沿って決められていたので、直線化工事で川筋が変わると、昔のままの県境が何度も川を越えることになったのです。

富士山と川
日本最高峰の周りに川が流れていないのは、どうして？

前述したように、静岡県には、天竜川、大井川、安倍川などの有名河川が多数流れていますが、いずれも富士山を源とする川ではありません。「富士川」ですら、水源は富士山ではないのです。

富士山は、真夏をのぞいて、山頂に雪を冠しているので、その雪解け水が川となって流れていてもよさそうですが、富士山に降った雨や雪解け水は、どこへ消えてしまうのでしょうか？

じつは、それらの水は、富士山の「地下」を流れています。

富士山の雪解け水などは、最初こそ、谷間のようなところを流れ出しますが、すぐに火山礫《れき》の隙間から地下に吸い込まれていきます。地下に吸い込まれた水は伏流水となって、比較的平らな土地に達してから、地上に湧き出ます。それが、富士五湖や忍野八海《おしのはっかい》（忍野村にある8か所の湧泉群）です。

富士五湖や忍野八海の地下には、水を通しにくい粘土層が多いため、地下水が地上に顔を出すのです。山頂の雪解け水は、約2週間かかって、富士五湖にまで達すると見られています。

こうした「伏流水」は、富士山以外の山、あるいは市街地の地下にも流れています。たとえば、愛媛県の今治市は、市内を伏流水がたっぷりと流れている街で、それがタオル生産日本一になった理由ともいえます。

今治では、江戸時代中期の享保年間から、白木綿の生産がはじまりました。木綿を漂白・染色する工程で、良質の伏流水をたっぷり使えたことが、品質の向上につながったのです。

また、栃木県の北西部を流れる蛇尾川《さびがわ》は、「突然、水が消える川」として有名です。蛇尾川は、ちょろちょろ流れる小川でなく、れっきとした一級河川です。その水が急に消えてしまうのは、川底に堆積した砂利の間に、川の水が吸い込まれてしまうから。蛇尾川には、厚さ200〜300メートルにもおよぶ砂利が積もっていて、水は流れていく間に、その砂利層に吸収されて、地下にもぐり込み、伏流となるのです。

蛇尾川では、その伏流区域が15キロにもおよび、地図では、その区間は点線で表されています。むろん、点線の間も、川の水が消滅したわけではないので、下流で再び地表を流れはじめ、ほかの川と合流して、より大きな川の流れをつくります。

川の水が地下にもぐったあと、地上に「水無川」が残ることがあります。増水時には水が流れますが、ふだんは伏流水になって、地表には水が流れていない川です。日本列島には、固有名詞として「水無川」と呼ばれる川が30本以上もあります。

石狩川

日本最長だった石狩川が100キロも短くなったのは？

日本の川のなかには、100キロも短くなった川もあります。北海道を代表する川・石狩川です。同川は、かつては365キロの長さを誇り、信濃川（367キロ）と日本最長の座を争っていました。ところが、現在では268キロ。1917年から約30年にわたる大工事で、川筋が変わり、100キロ近くも短くなったためです。

そもそも、石狩川は、北海道中央部の石狩岳に発し、石狩平野でほぼ直角に向きを変えて、日本海側の石狩湾にそそぎます。その流れのなか、石狩平野で氾濫を繰り返し、氾濫のたびに川は曲がりくねっていました。

石狩川は、大雪山系などの雪解け水が川にそそぎ込む春に水かさを増し、氾濫すると、石狩平野が水浸しとなって、農業ができなくなっていました。

そこで1917年から、氾濫対策工事が行われ、できるだけ早く水を海に流すため、流路が直線化されました。石狩川の約100キロの蛇行部分がなくなり、川は直線的に流れるようになったのです。

そして、いま、石狩平野には水田地帯が広がり、道内の米生産量の約7割を占めるようになっています。

カルデラ湖
火山と湖には、どんな関係があるの？

湖は、どうやってできるのでしょうか？　基本的には、「何らかの理由」で、土地に窪みができ、そこに雨水などが流れ込んで、たまった場所——それが湖です。

その「何らかの理由」がポイントになるわけですが、この火山列島では、やはり火山活動がカギを握っています。日本は比較的「湖」の多い国ですが、その理由は「火山」が多いからなのです。

火山は、「カルデラ湖」と「堰止湖《せきとめこ》」を生み出します。そのうち、この項では「カルデラ湖」についてお話しします。

そもそも、火山噴火によってできる湖を「火山湖」と呼び、「カルデラ湖」はその一種です。火山が噴火し、多量の火山灰を吐き出すと、やがて山頂が崩れてカルデラ（大規模な窪地）ができることがあります。そこに、雨水などがたまると、湖になり、そうして、できた湖を「カルデラ湖」と呼びます。文字どおり、カルデラにできた湖です。

そうしたカルデラ湖は、横から見ると、深い鍋のような形をしていて、おおむね「水深が深い」ことが特徴です。

じっさい、日本のすべての湖のうち、水深1位の田沢湖（水深423メートル）は奥羽山脈中にあるカルデラ湖。2位の支笏《しこつ》湖（水深363メートル）は、北海道南西部にあるカルデラ湖。3位の十和田湖（327メートル）は、青森県と秋田県の境にあるカルデラ湖です。

水深が深い理由は、むろん最初にできる窪みが深いから。マグマを噴き出したあとの陥没跡だけに、ほかの理由でできた窪地よりも、ぐんと深くなるのです。

また、そうしたカルデラ湖には、もうひとつの特徴があります。「真冬になっても、凍結しない」ことです。たとえば、北海道の冬は氷点下の世界であり、阿寒湖や屈斜路《くっしゃろ》湖など、多くの湖が凍結します。ところが、同じ北海道でも、カルデラ湖の支笏湖と洞爺湖は凍結しないのです。

支笏湖は、洞爺湖の北に位置するので、日本最北の不凍湖になります。気温が氷点下になっても、両湖が凍結しない理由は、やはりその深さにあります。支笏湖は前述したように日本2位の深さを誇りますし、洞爺湖も水深179・1メートルと深い湖です。

湖では、気温が氷点下になって、湖面の水が冷やされたとき、対流現象によって、湖底から暖かい水が上昇してきます。浅い湖だと、やがて湖底の水も冷やされて、湖面が凍りつくのですが、深い湖では湖底の水までは冷えきりません。冷えきるまえに春がやってくるので、凍ることはないというわけです。

摩周湖
このカルデラ湖がいつも霧に包まれているのは？

ここで、いくつか、有名なカルデラ湖についてふれておきましょう。まずは「摩周湖」です。

北海道東部の摩周湖も、カルデラ湖のひとつです。摩周湖はまれに凍結することがありますが、その一方、かつてのヒット曲のタイトルにもあるように、いつも霧に閉ざされていることで有名です。それにも、水深が深い（212メートル）ことが関係しています。水深の深い湖では、冬以外の季節では、表面の水が太陽熱で温まっても、低層の水までは、なかなか太陽熱が届かず、温度が上がらないという状態になります。

その冷たい水と、湖面上の比較的暖かい空気が触れ合うと、湖面で霧が発生しやすくなるのです。

加えて、摩周湖の湖岸は、高さ150～350メートルもある崖になっています。そのため、暖かい空気が崖を伝って、たえず湖面まで吹き下ろしています。たっぷり供給される暖気が冷たい湖水とぶつかり合って、湖面でたえず霧が発生することになるのです。つまり、水深があることが摩周湖を「霧の摩周湖」にしているのです。

次いで、「蔵王の御釜」は、湖水がさまざまな色に変化することで有名なカルデラ湖です。蔵王は、「蔵王山」という山があるわけではなく、奥羽山脈中の火山群に属する連峰を総称して「蔵王」と呼びます。そして、生成期のちがいなどから「北蔵王」「中央蔵王」「南蔵王」に分けられます。

このうち、中央蔵王は、明治・大正期にも大小の爆発を起こすなど、火山活動をつづけていて、その山頂に「御釜」と呼ばれるカルデラ湖があるのです。

「御釜」という名は、その形に由来します。火口周辺が陥没してできた円形の窪地に、水をたたえている姿が、お釜に似ているのです。

そこに、たまった水が、時期によって変化するのも、火山活動が関係しています。

ふだん、御釜の水は、緑色に近い青色ですが、湖底から火山性のガスが噴き出し、湖底にたまった火山灰や硫黄などがかきまぜられると、乳白色に濁ります。また、御釜の水は、生き物が生息できないほどの強酸性なので、水中に溶けている鉄分が酸化し、赤褐色になることもあります。あるいは、硫化鉄ができて、黒色になることもあるのです。

堰止湖
川を堰き止めて湖ができるまでのカラクリは？

「火山湖」には「カルデラ湖」と「堰止湖」の2種類があると述べましたが、この項では、後者の「堰止湖」について、お話しします。

「堰止湖」は、川がせき止められてできた湖の総称であり、本来はそのすべてが火山湖というわけではないのですが、この火山列島では、天然の堰止湖の大半が火山湖なのです。

たとえば、神奈川県箱根町の芦ノ湖は、そうした火山由来の堰止湖のひとつです。芦ノ湖は、神奈川県内最大の湖ですが、比較的新しい湖で、誕生したのは、いまから約3100年前のこと。箱根山が噴火し、その火山噴出物と土砂崩れによって、川がせき止められ、その上流に水がたまりました。そうして誕生したのが、芦ノ湖の原型です。

その年代が「3100年前」と細かく特定できるのは、堆積物に埋もれた樹木の放射性炭素年代を正確に計ることができたからです。

長野県の志賀高原一帯に広がる湖沼群も、堰止湖です。志賀高原には、琵琶池、丸池、蓮池を中心に、大沼池、木戸池、三角池、長池、渋池など、多数の湖沼が散在していますが、それらも火山活動によって、生まれました。

約１００万年前、噴火活動によって、当時あった2本の川がせき止められて、いくつかの湖沼が生まれ、さらに約50万年前、すでに湖となっている部分が噴火し、その噴出物によってすでに存在していた湖が細分化されました。そうして、志賀高原には多数の湖沼ができることになったのです。

福島県の裏磐梯《うらばんだい》の湖沼群も、大半は堰止湖です。裏磐梯には、檜原湖、秋元湖、小野川湖など、大小１００ほどの湖沼が点在していますが、それらは「明治の大噴火」によって、せき止められて、できたものなのです。

明治21年、磐梯山は大噴火し、小磐梯山の山頂部を形成していた火山砕屑物《さいせつぶつ》が崩れ、時速80キロの速さで、磐梯山の北側の村々を襲い、５つの村を呑み込みました。流れ出た火山砕屑物はやがて固まり、磐梯山から流れ出ていた檜原川や長瀬川をせき止め、分断しました。その河川の分断跡が、１００におよぶ湖沼群になったのです。

いわゆる「五色沼《ごしきぬま》」は、そうした湖沼群の総称で、前述の「蔵王の御釜」と同様、湖沼が色とりどりに変化することで知られています。五色沼が色とりどりであることにも、火山が関係しています。火山噴出物の鉱物がいろいろに溶け込み、どんな鉱物が溶け込んでいるかによって、湖の色が変わってくるのです。

さらには、栃木県・日光国立公園内にある中禅寺湖も堰止湖で、男体山《なんたいさん》の吐き出した溶岩によって川がせき止められて生まれました。

なお、中禅寺湖も、標高１２６９メートルとかなりの高所にありながら、凍結しない湖です。中禅寺湖の凍らない理由は、その水深（１６３メートル）に加えて、湖面上に吹きつける強風があります。周囲の山々から吹き下ろす強風が、たえず湖面をかきまわしているため、中禅寺湖は凍りつかないのです。

構造湖
琵琶湖は三重県の「断層」から生まれた!?

では、話を日本最大の湖、琵琶湖にすすめましょう。

琵琶湖は、これまで述べてきたような「火山湖」ではなく、「構造湖」と呼ばれるタイプの湖です。断層や褶曲といった構造運動（造陸運動）によって形成された湖を「構造湖」と呼ぶのです。

日本では、琵琶湖のほか、諏訪湖（長野県）や猪苗代《いなわしろ》湖（福島県）がこのタイプに属します。火山湖の特徴は「水深が深い」ことでしたが、構造湖の特徴は「面積が大きい」ことです。たとえば、琵琶湖の面積は669平方キロと滋賀県の6分の1を占め、そこに東京ドーム2万2千杯分の水（275億立方メートル）をたたえています。

その構造湖のうち、断層運動によってできた窪地に水がたまってできた湖を「断層湖」と呼びます。琵琶湖は、このタイプで、いまの「三重県」の断層から生まれた湖です。

と書くと、誤植と思われる方も、いらっしゃるかもしれません。琵琶湖といえば、滋賀県を象徴する湖であり、三重県とはまたがってもいません。

しかし、琵琶湖は、もとはといえば「三重県出身」なのです。琵琶湖は、いまの位置よりも100キロも南の三重県西部の上野盆地で生まれたのです。

それは、いまから400万年以上も前の話。琵琶湖は、世界でもバイカル湖、タンガニーカ湖に次ぐ、第3位の古さを誇る湖なのです。そして、当時の断層運動で、上野盆地に数キロメートル四方程度の窪地が生じました。そこに、河川水や雨水が流れ込んでたまり、琵琶湖の原型ができました。

その後、地盤が北東方向に傾き、また南側が隆起したため、琵琶湖は北方向への移動を開始します。

そして、約400万年という長い時間をかけて北上し、現在の滋賀県まで、やって来たのです。

ただし、50万年前はまだ、いまよりも、はるかに小さな湖だったことがわかっています。転機が起きたのは、約40万年前のことです。

琵琶湖の西岸で、比叡山と比良山《ひらさん》が隆起、そして現在、水をたたえている場所が沈降して、高低差が大きくなりました。その土地に水がたまって、琵琶湖は一気に巨大化したのです。

琵琶湖は、現在も1年に1・5～3センチぐらい、北に動きつづけています。今後も北上をつづけ、数百万年後には日本海に到達、海と同化して、消えてしまうと考えられています。

海跡湖
オホーツク海沿岸に湖が並んでいるのは？

湖は、たたえている水の種類によっても、3つに分類されます。淡水湖、海水湖、汽水湖の3タイプです。

たとえば、静岡県の浜名湖は、淡水と海水がまじった「汽水湖」です。浜名湖と太平洋の間には細い砂州《さす》があって、砂州の中央部に開いた「今切《いまぎれ》の水道」から、太平洋の海水が湖内に流れ込んでいます。そのため、浜名湖は海水と淡水の入りまじる汽水湖となり、海水魚と淡水魚の双方がすみ、計300種近くもの魚が棲息しています。しかし、その浜名湖も、昔は淡水湖でした。「今切の水道」はなく、細い砂州で太平洋と隔てられていたのです。

それが汽水湖になったのは、1498年（明応7）の明応地震以降のこと。地震による津波が、浜名湖と太平洋を隔てていた砂州を破って、「今切の水道」ができました。以降、海水が流入するようになり、汽水湖になったのです。

浜名湖のように、何らかの理由で、海から分かれてできた湖を「海跡湖《かいせきこ》」といいます。浜名湖のほか、サロマ湖（北海道）、霞ケ浦（茨城県）、宍道湖《しんじこ》（島根県）、八郎潟《がた》（干拓で大幅に縮小）などが、これにあたります。

浜名湖の場合は、地震がきっかけになりましたが、土地の隆起によって、外海から分離される場合もあります。あるいは、波や風によって砂が運ばれて、湖と海の出入口が締め切られ、海から切り離される場合もあります。

後者の場合は、出入口をせき止める砂州や砂嘴《さし》の発達が必要で、日本では北海道のオホーツク海沿岸に多いのが特徴です。

地図で、同沿岸を見ると、北からコムケ湖、サロマ湖、能取湖《のとろこ》、網走湖、藻琴湖《もこと》、濤沸湖《とうふつ》と、多数の湖が並んでいます。それは「海跡湖」が連続的に並ぶ世界的に見ても珍しい地形です。

それらの湖ができたのは、いまから1万数千年前の氷河期の終わり頃。すこしずつ温暖化して、氷河が溶け、オホーツク海の海面が上昇していました。その海水が陸地へ侵入し、沿岸に入り江ができました。

やがて、北の強い波や風によって、入り江に砂が運ばれて、砂州ができ、砂嘴が伸び、入り江の入口が閉じられました。そうして、多数の湖が海に面して並ぶ珍しい地形ができたのです。

湖が先にできる？　沼が先にできる？

湖と沼ができるまで

「湖」と「沼」は、どうちがうのか？　このちがいに関する厳密な定義はありません。広辞苑には、沼は「湖の小さくて浅いもの」とあるくらいです。

では、湖と沼では、どちらが先にできるのでしょう？　湖が沼になるのか、それとも沼が湖になるのか――という疑問です。

これは、「湖」が先です。まず、窪地に水がたまって、最初に湖ができ、そこにやがて、植物が生えて、沼→沼沢地《しょうたくち》→湿原の順に変化していきます。

沼、沼沢地、湿原も、厳密にちがいが定義されているわけではありませんが、おおむね、次のような様子で、湖から沼、沼から沼沢地、湿原へと変わっていきます。

まず、何らかの理由で湖ができると、その後、生育条件のそろっている湖では、湖底に植物が茂りはじめ、やがて湖底に枯れた植物の残骸や川から流れ込んでくる土砂などがたまっていきます。そうして、湖は浅くなり、水深がおおむね5メートル以下にまで浅くなると、それは「沼」と呼ばれるようになります。

さらに、その沼の表面をおおうように、ヨシやマコモなどの湿原植物が繁茂すると、そこは「沼沢地」になります。沼沢地では、沼よりもさらに水深が浅くなります。「湿原」は、沼沢地がさらに浅くなり、水面の全面を湿地植物がおおうようになった状態をいいます。「準陸地化」した状態といってもいいでしょう。湿原は、植物が分解しにくい寒冷地に多く見られ、北海道や、本州では高原に湿原が多いのは、そのためです。

高原の湿原といえば、本州では「はるかな尾瀬」で知られる尾瀬湿原が有名です。この湿原は、群馬県と福島県、新潟県の3県にまたがり、面積は7・6平方キロと、日本屈指の大きさを誇る高原性の湿原です。

◎1行でわかる地理・地学キーワード――1章のまとめ

□**侵食谷**――川、波、風、氷河など、地球の外側の力によってできる谷。

□**構造谷**――断層や褶曲など、地球内部からの力でできた谷。

□**V字谷**――断面がV字の形の谷。川の浸食によってできる。

□**U字谷**――断面がU字の形の谷。氷河の侵食によってできる。

□**沖積平野**――川が土砂を運び込んで、できる平野。

□**扇状地**――山の出口、山裾に広がる扇形の平坦な地形。

□**氾濫原**――平野の中流地域にできる平たい土地。自然堤防と後背湿地に分かれる。

□**三角州**――下流にできる平たい土地。デルタ。

□**河岸段丘**――川沿いにできる階段状の地形。

□**河畔砂丘**――風に運ばれた砂が川沿いに堆積してできる内陸型の砂丘。

□**火山湖**――火山噴火を成因とする湖。「カルデラ湖」と「堰止湖」に分かれる。

□**構造湖**――断層や褶曲といった構造運動（造陸運動）によって形成された湖。

□**海跡湖**――砂州や砂嘴などによって、海から分かれてできた湖。

2章

地形で解く「山」のなぜ？

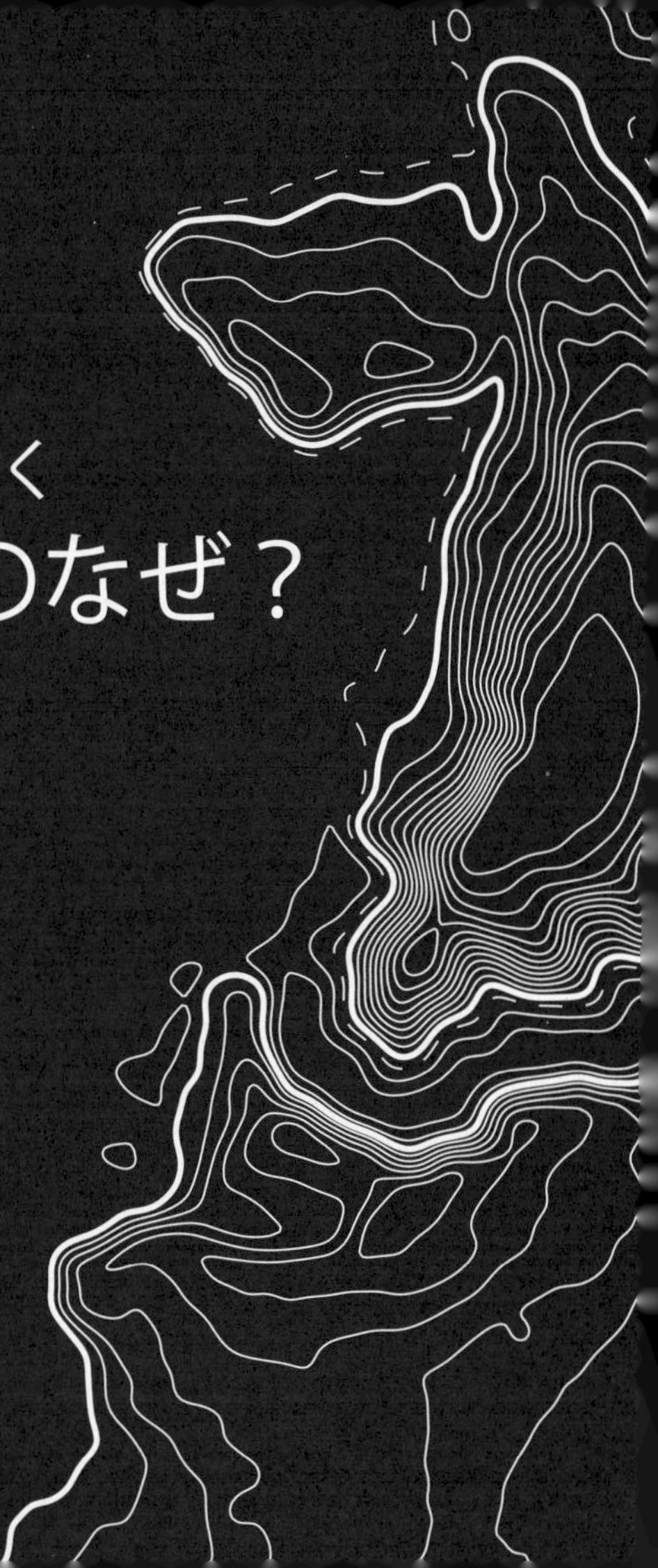

日本列島の地質

日本列島には、なぜこんなにも火山が多いのか？

「山」は、どうやってできるのでしょうか？――山は大きく分けて、次の2つの方法で盛り上がります。

ひとつは、噴火によってできる「火山」です。簡単にいえば、マグマの活動が原因の「噴火」によって、溶岩などが噴出、それが積み重なってできる山です。

一方、山には「火山」ではない山もあり、それらは何らかの原因によって、大地に「シワ」が寄り、盛り上がってできた山です。

たとえば、ヒマラヤ山脈は、火山ではなく、この「シワ型」の山脈です。「ユーラシア大陸にインド亜大陸がぶつかる」という地球史に残る大衝突によって、「世界の屋根」は天を突くほどに高く盛り上がりました。なお、このシワ型の山のなかには、火山活動をする山もあります。

では、「なぜ、日本列島は山地が7割も占めているのでしょうか？」、「なぜ、日本列島には急峻な山が多いのでしょうか？」──この日本の「山」に関する3つの疑問の答えは、すべて同じです。いずれの答えも、「日本列島が新期造山帯に属しているから」といっていいでしょう。

世界地図レベルで見ると、地球の地質は、大きく3つに分かれます。「安定陸塊《りくかい》」「古期造山帯」「新期造山帯」の3つです。

このうち、「安定陸塊」は、「先《せん》カンブリア時代」に造山運動があった場所を指します。先カンブリア時代とは、「カンブリア時代よりも前の時代」という意味で、具体的には、地球誕生からの約41億年間を指します。逆にいうと、安定陸塊は、カンブリア時代がはじまった5億4000万年前から現在までは、造山運動の影響を受けていないエリアです。

その5億4000万年以上の間、このエリアでは、土地が隆起することはほとんどなく、その一方で、雨風による侵食や風化がすすんだため、いまは起伏の少ない平原や高原になっています。アフリカ大陸、オーストラリア大陸の大半、ユーラシア大陸の西北部などは、この「安定陸塊」に属します。地盤はひじょうに安定していて、地震はほとんど起きず、火山活動もほとんどないエリアです。

次に、「古期造山帯」は、古生代（5億4000万年前から2億5000万年前）に造山運動があった場所です。このエリアも、この2億5000万年間は造山運動がなかったため、比較的なだらかな土地の多いエリアです。山地があっても、大半はなだらかな丘のような山です。

そして最後は、日本列島が属する「新期造山帯」です。これは、中生代（2億5000万年～6600万年前）と新生代（6600万年前から現在まで）に造山運動のあった場所です。このエリアには、平野が少なく、険しい山地が多いのが特徴です。そして、地震や火山が多いエリアです。

この「新期造山帯」があるのは、地球上の陸地のなかでも、次の2つのエリアに限られます。ひとつは「アルプス＝ヒマラヤ造山帯」と呼ばれるエリアで、ヨーロッパの南（アルプス山脈、ピレネー山脈）から、中東（カフカス山脈など）、インドの北側（ヒマラヤ山脈など）にかけての山岳の多い地帯を指します。

もうひとつは「環太平洋造山帯」で、名前どおり、太平洋をぐるりと囲むエリア。ペルーやチリなどの南米の西海岸地域から、北米西海岸、アラスカ、カムチャッカ半島、そして日本列島もこの造山帯に入ります。

この2つの造山帯では、現在も造山運動が行われ、火山活動が活発で、地震が頻繁に起きています。地形的には、高くて険しい山脈や、日本列島のような弧状列島が多いエリアです。

造山活動と資源
どんな場所で、どんな資源がとれるの？

安定陸塊、古期造山帯、新期造山帯では、その地下からとれる「資源」の種類も変わってきます。

まず、安定陸塊では、「鉄鉱石」がよくとれます。大半が安定陸塊に属する、オーストラリアで、鉄鉱石がよくとれるのも、そのためです。

次に、古期造山帯では、「石炭」がよくとれます。先カンブリア時代までは、生物は海中にしかいませんでしたが、古生代になると地上植物が登場し、大森林を形成しました。

その大森林が化石化して、石炭になったのです。それが、古期造山帯の地下に眠っているというわけです。

そして、最も新しい「新期造山帯」では、意外かもしれませんが「石油」がよくとれます。

石油は、太古の海洋生物の遺骸が圧縮されてできたものとみられています。それなら、世界中のより多くの場所でとれてもよさそうですが、石炭とちがって、石油産出国は限られています。

その理由は、石油が液体だからです。

これまでに、陸上・海上を含めて、世界で約4万か所の油田が発見されていますが、その大半は「褶曲」した地層のなかにあります。

褶曲は、地層が横からの圧力を受けて、波形に曲がることで、地下で地層が「皿」のような形になっていることがあります。液体の石油は、その「皿」のような形になった地層にたまることが多いのです。

そのため、石油が出るかどうか（「皿」のなかにたまっているかどうか）は、かつて褶曲運動を受け、その皿型の構造がよく残っているかどうかにかかっています。

そのため、たとえ新期造山帯に属していても、すべてのエリアで石油がとれるわけではなく、残念ながら、日本では石油はほとんどとれません。

なお、サウジアラビアのガワール油田やクウェートのブルガン油田など、大油田の多くが砂漠にあるため、「石油は砂漠でとれるもの」と思っている人もいるかもしれませんが、それは勘違いです。

石油は、熱帯雨林地帯のインドネシアやブルネイでもとれますし、海底油田のある国も少なくありません。石油は、新期造山帯で褶曲運動を受けていれば、砂漠でなくてもとれるのです。

山のサイズ
山の高さ、大きさ、形はどうやって決まる？

日本を代表する山脈といえば、列島中央部にそびえる「日本アルプス」です。3000メートル級の高山が連なり、北から飛騨山脈（北アルプス）、木曽山脈（中央アルプス）、赤石山脈（南アルプス）に分けられます。山脈の長さは、いずれもおおむね100キロ程度で、3山脈を合わせた総称が日本アルプスです。

この日本アルプスという名は、明治時代、英国人のウィリアム・ゴーランドという鉱山技師が名づけました。彼は、いわゆるお雇い外国人の一人で、大阪造幣局などで働き、帰国後の1891年、『日本案内』という本を著しました。そして、その本のなかで、日本中央部にそびえる山脈を「日本アルプス」という名で紹介したのです。むろん、それはヨーロッパアルプスにちなんでのことでした。

その後、やはり英国人で、「日本山岳登山の父」とされるウォルター・ウェストンが、1896年に『日本アルプスの登山と探検』という本をイギリスで出版します。この書によって、「日本アルプス」の名が広く知られるようになりました。

さて、その日本アルプスは、どうやってできたのでしょう?

日本アルプスは、日本列島の東側の海洋プレートが、日本列島の乗っかっている大陸プレートにぶつかることで、褶曲・隆起してできました。

そのため、いまも日本アルプスの地下を掘ると、曲がりくねった地層が出てきます。それは、プレートが衝突したときに受けた横からの圧力によって、地層が曲がりくねりながら、隆起した痕跡です。

日本アルプスを含め、山の高さや大きさは「隆起量」によって決まります。むろん、大地に強い圧力がかかったときほど、山は大きく高く隆起します。日本で最も隆起量が多いのは、やはり日本アルプス一帯です。

また、いったん隆起した後も、山の形は刻々と変化していきます。それは、隆起した後に、どのように「侵食」されるかによって決まります。

当初は険しい形をしていた山も、長い年月、風雨にさらされると、侵食され、しだいになだらかになっていきます。だから、同じ新期造山帯のなかでも、より古い時代に隆起して、長期間、風雨にさらされてきた山ほど、なだらかな形をしています。

たとえば、四国の香川県には、「讃岐七富士」と呼ばれる7つの円錐形の山があります。飯野山、白山《しらやま》、六ツ目山、堤山《つつまやま》、高鉢山《たかはちやま》、爺神山《とかみやま》、江甫山《つくもさん》の七山で、いずれも富士山のような円錐形をしているため、それぞれ讃岐富士、三木富士、御厩《みまや》富士、羽床《はゆか》富士、綾上《あやかみ》富士、高瀬富士、有明富士と呼ばれています。

ただし、本物の富士山と、これらの讃岐七富士では、似たような形をしていても、そのでき方はまったくちがいます。

讃岐七富士は、古い時代にできた山々で、いまから1400万年前、火山活動でできた山が、1000万年以上の歳月をかけて侵食されてできた山々なのです。

それらの山々は、侵食によって、まず頂上部が平らになりました。それは地理用語で「メサ」（スペイン語で「テーブル」の意）と呼ばれる形態で、たとえば同じ香川県の屋島もそのひとつです。「メサ」がさらに侵食されると、「ビュート」（フランス語で「小さい丘」の意）と呼ばれる円錐形の丘になります。讃岐七富士は、このビュートなのです。

つまり、いまの形は、火山が削られに削られてできたものなのです。一方、本物の富士山は、そうした理由で円錐形になったわけではありません。その成り立ちは、次項でお話ししましょう。

富士山 そもそもどんなふうにできた？

では、本家の富士山は、どうやってできた山か？——簡単にいうと、富士山は、自らが噴き出した噴出物によって、大きくなってきた「自力型」の山です。

いま、富士山のあるエリアは、もともとは標高1000メートルくらいの平らな土地でした。その土地が何度も大噴火を繰り返し、溶岩などが堆積して盛り上がり、山容を大きくしてきた山なのです。

むろん、富士山が繰り返し噴火してきた背景には、この地域でプレートが衝突していることが関係しています。富士山南方の海の下は、太平洋プレート、フィリピンプレート、ユーラシアプレートの3つのプレートがぶつかり合うという、世界的に見ても珍しい場所なのです。

3つのプレートがこすれ合うことで、大量のマグマが生み出され、それが噴出されるたびに、富士山は大きくなってきました。現在の富士山の姿は、太古以来の4つの火山の火山活動の集大成ともいえます。

まず、最も古くから活動していたのが、「先小御岳火山」です。東大地震研究所のボーリング調査によると、数十万年前にできた火山と見られます。

その火山におおいかぶさるような形で存在するのが、「小御岳火山」です。この火山は、約70万年前から約10万年前まで活動していたと見られます。いまの富士山の5合目付近で、その痕跡を見ることができます。

小御岳火山が活動を停止したあと、新たに火山活動をはじめたのが、「古富士火山」です。10万年前から1万年前頃に活動し、その噴出物によって、富士山は現在の姿に近い状態になりました。

そして5000年前頃から、「新富士火山」が活動をはじめました。これが、現在の富士山です。

その富士山は、火山学的には「成層火山」に分類されます。

これは、噴火で噴出した火山灰や火山礫、溶岩流などが堆積してできるタイプの火山を指します。このタイプの特徴は、基本的に同じ火口から何度も噴火を繰り返し、山体を大きく成長させること。富士山のほか、鹿児島県の開聞岳《かいもんだけ》や伊豆大島がこのタイプに属します。

一方、一回の噴火で寿命が終わってしまう火山は、「単成火山」と呼ばれます。

また、「楯状《たてじょう》火山」と呼ばれる火山もあり、これは、溶岩の粘りけが少ないため、山容が横に広がり、楯を伏せたような形になった火山のこと。ハワイのマウナロア山がこれにあたります。

また、溶岩の噴出によって形成された「台地」は、「溶岩台地」と呼ばれます。

おおむね、玄武岩質の土地となり、インドのデカン高原は、世界最大級の「溶岩台地」です。

阿蘇山
世界最大のカルデラをもつようになったのは？

いま、日本の最高峰は、もちろん富士山ですが、日本列島には、かつて富士山よりも高い山があったと見られます。熊本県の阿蘇山です。

阿蘇山は、直径17～25キロのカルデラをもつ活火山。カルデラは、ポルトガル語で「大きな鍋」という意味で、火山の中心部にある円形の窪地を意味します。基本的に直径2キロ以上を「カルデラ」、それ以下は単に「火口」と呼びます。

カルデラは、火山学・地理学的には、次の3種類に分類されます。

1　爆発カルデラ――大噴火で、山体が崩壊してできるカルデラ。

2　陥没カルデラ――マグマが噴出し、山体の内部に空洞ができ、それが陥没してできるカルデラ。

３　侵食カルデラ――雨などの侵食作用によって、火口が広がったカルデラ。

このうち、阿蘇山は2の「陥没カルデラ」タイプです。いまの阿蘇山は、その最高峰の高岳《たかだけ》でも、標高１５９２メートルの山ですが、かつては現在のカルデラ部分に、巨大な山がそびえていたと見られます。

阿蘇山は、かつて噴火を繰り返して、成長するだけ成長し、一時期は富士山を上回る標高をもつ巨山に成長しました。しかし、噴火を繰り返すうち、内部の溶岩が大量に流れ出して、山体の内部が空洞のようになってしまいます。そして、自らの重みに耐えきれなくなって崩壊・陥没し、その痕跡がいまの巨大なカルデラだと、推定されているのです。

西日本の火山

九州にはあるのに、なぜ四国には活火山がない？

阿蘇山をはじめとして、雲仙、桜島など、九州には、活火山が多いような印象があります。

実際には、活火山（110山）のうち、九州にあるのは17山と、全体の6分の1。数がさほど多いわけではありません。

九州以上に「火山密度」が高いのは、北海道から東北地方、甲信地方から伊豆諸島にかけてのエリアです。この地域は、前述したように、太平洋プレートが大陸プレートの下に沈み込んでいるエリアに近いので、地下でプレートどうしがこすれ合い、マグマがたっぷりつくられるのです。

一方、日本のなかでは、四国は珍しく、活火山のない地域です。なぜでしょうか？

一般に、火山は、地下深くにあるマントルから、高温のマグマが上昇してくることによって噴火を起こします。ところが、四国の地下にあるマントルは、温度が低いため、岩石を溶かすことができません。それで、マグマが上昇してこないので、火山活動が起きないのです。

四国の地下でも、かつてはマントルが現代よりも高温だったため、火山活動が起きていましたが、その後の地殻変動などによって、四国地下のマントルは温度が低下。噴火することはなくなったのです。

伊豆・箱根

多数の温泉が湧き出しているのはどうして？

伊豆半島は、温泉の宝庫です。

半島の付け根には熱海温泉があり、半島中央部の山中には、修善寺温泉や湯ケ島温泉、湯ケ野温泉などが並び、海岸部には伊東温泉、熱川《あたがわ》温泉、土肥《とい》温泉などが湧き出しています。

伊豆半島に温泉が多いのも、その地下深くで、3つのプレートがぶつかり合っていることが理由です。

プレートがぶつかり合う場所では、地殻どうしがこすれ合って、マグマがたまります。そのため、伊豆半島には、宇佐美、大室、天城、達磨、棚場などの火山があり、さらに近くの海には、伊豆東部火山群、伊豆大島の三原山などの活火山が並んでいます。そして、南方には三宅島があります。

伊豆半島と近隣の地下には、それぐらい大量のマグマがたまっていて、その熱によって地下水がたえず温められています。それが温泉として、伊豆半島の各地に湧き出しているのです。

伊豆半島の北側の山地、箱根に温泉が湧くのも、同様の理由からです。箱根では、山麓から山頂近くまで、多数の温泉が湧いています。

まず、「箱根七湯」と呼ばれるのが、箱根湯本、塔ノ沢、堂ヶ島、宮ノ下、底倉、木賀《きが》、芦之湯の各温泉。これに「強羅《ごうら》」や「仙石原《せんごくはら》」などを加えて、「箱根十七湯」や「箱根二十湯」などと呼ばれます。

箱根で豊富に温泉が湧き出るのは、この地域で30万年以上もつづいている火山活動によるものです。

温泉は「火山性温泉」と「非火山性温泉」に分けられるのですが、そのうち火山性温泉は、マグマだまりの熱が地下水を温め、それが湧き出したもの。伊豆半島や箱根はまぎれもなく、このタイプです。このタイプの温泉には、温度が高いという特徴があります。火山活動があれば、たとえ極寒の南極にも、温泉が湧き出ます。

じっさい、南極半島北端のデセプション島では、温泉が湧いています。同島に温泉が湧いたのは、やはり火山噴火がきっかけでした。同島は南極大陸の北端に位置し、チリ沖からのびる火山帯の一部。1960年代から70年代にかけて何度も噴火し、温泉が出るようになったのです。

というように、火山と温泉には深い関係があるのですが、とはいえ温泉がかならず火山のそばに湧いているというわけではありません。

先に、温泉には「非火山性温泉」もあると述べましたが、火山がなくても地熱は地下100メートル下がるごとに、約3度ずつ上昇していきます。その地熱の自然変化で温められ、非火山性の温泉が湧くことがあるのです。

その代表例は、四国の松山市の道後温泉の本館です。四国は、もともと火山活動がほとんどない地域ですが、道後温泉の場合は、本館のある場所には断層があって、そこに地熱で温められた非火山性の温泉が噴き出しているというわけです。

逆に、火山の近くなのに、温泉の出ないところも多々あります。それは、熱があっても、「水」がないからです。つまり、マグマが地下にあっても、そこに地下水が供給されていないと、温泉が湧き出してきません。地熱が高くても、水が供給されなければ、火山ガスなどが噴き出すだけのことです。

白い火山と黒い火山
白い火山のほうが危ないといわれるのは？

火山は、その噴出物の種類によって、大きく「白い火山」と「黒い火山」に分けられます。「白い火山」は、比較的、色の薄い安山岩質の溶岩を噴出するので、山肌が白っぽく見えます。一方、「黒い火山」は、色の濃い玄武岩質の溶岩を噴き出すため、山肌が黒っぽく見えるのです。

日本の白い火山には、恐山や岩木山、阿武火山群などがあり、黒い火山には富士山（雪が積もっていなければ、山肌は黒っぽい）や三原山などがあります。

それら2種類のうち、より危険とされるのは、白い火山のほうです。安山岩などの白っぽい岩は、粘り気が強いので、溶岩が液体のようにさらさらと流れず、爆発的に噴火します。有史以降の日本最大の噴火は、915年、十和田火山で起きた噴火であり、そのあたりも白い火山エリアです。大噴火のさいには、火砕流が猛スピードで四方を襲い、周囲20キロを焼き払ったと伝えられています。

◎1行でわかる地理・地学キーワード―2章のまとめ

□**安定陸塊**―先カンブリア時代に造山運動があった場所。平原や平坦な高原が多い。

□**古期造山帯**―古生代に造山運動があった場所。比較的なだらかな土地が多い。山があってもなだらか。

□**新期造山帯**―中生代、新生代に造山運動のあった場所。険しい山地が多い。日本もこれに含まれる。

□**成層火山**―富士山など、噴火を繰り返して、山体を大きく成長させてできた火山。

□**単成火山**―一回の噴火で寿命が終わってしまう火山。

□**楯状火山**―粘りけの少ない溶岩が横に広がるように流れ、楯を伏せたような形になった火山。

□**溶岩台地**―溶岩の噴出によって形成された台地。インドのデカン高原など。

3章

地形で解く「海岸」「海流」「砂浜」のなぜ？

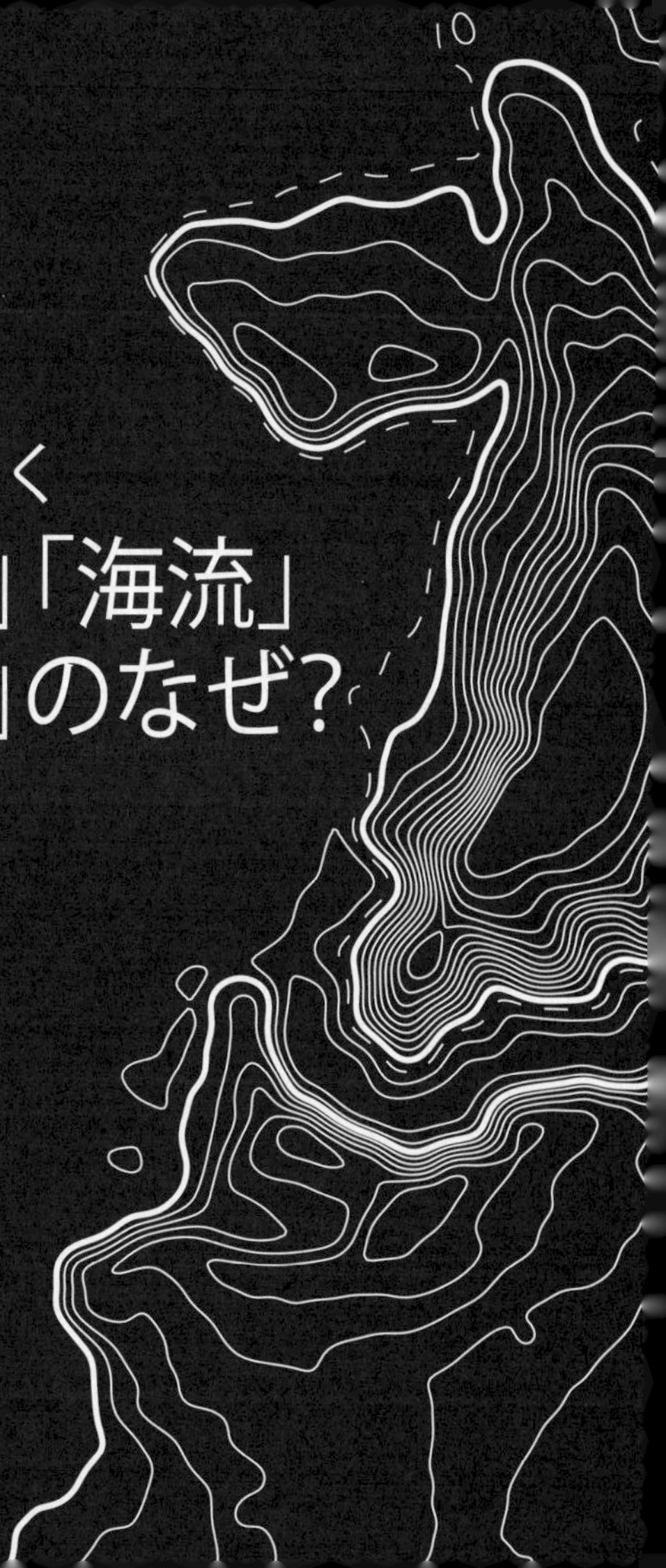

江の島

江の島が“地形の宝庫”といわれるようになったのは？

日本は、四方を海に囲まれた国。海岸線の長さでは、世界でも屈指の存在で、その全長は3万3889キロにおよびます。世界全体の海岸線の総延長が約40万キロですから、日本の海岸線は、その約8パーセントを占めているのです。なにしろ、陸地面積では日本の24倍のアメリカの海岸線は約2万キロで、日本よりも短いのです。

それだけ、長い海岸線を持つ日本列島の海岸地形は見どころだらけで、あらゆる地形が標本のように集まっています。

そのなかでも、標本中の標本といえるのが、神奈川県の江の島です。江の島は周囲3キロほどの小さな島ですが、1、2時間かけて島をめぐるだけで、「海食崖《がい》」「海食洞《どう》」「波食台」など、バラエティに富んだ海岸地形を目にできるのです。

ヨットハーバーの建設などで、一部、埋め立てによって地形が変わった場所もありますが、島の西側から南側にかけては、自然のままの姿を残しています。

なお、この島は「江ノ島」とも書きますが、現在の住所表記は「江の島」なので、本書ではこちらを使います。

江の島では、海に面する多くの場所で、「海食崖」を形成しています。要するに、切り立った「崖」になっているのです。

その崖をつくり出したのは、「波」のパワーです。陸地の前面が波の侵食作用によって削られ、急な崖になったのです。そのため、「波食崖」とも呼ばれます。とりわけ、江の島の場合は、鵠沼《くげぬま》海岸から海が急に深くなっているため、波の力が強く、高い崖を形成することになったのです。

江の島の中央、お食事処が並ぶ小高いエリアを過ぎて、階段を下って行くと、平らなテーブルのような岩場が広がっています。それが「稚児ヶ淵《ちごがふち》」で、「神奈川県景勝50選」にも選ばれている景勝地です。

その平たい岩場は「波食台」と呼ばれる地形で、もとは海底だった部分です。波の力によって、海底が削られ、平らになった後、地震などで隆起し、やがて地上に現れた地形です。

その近くには、源頼朝も訪れたと伝えられる「江ノ島岩屋」と呼ばれる洞窟があります。それは、波の侵食によってできた「海食洞」です。

海食崖のなかに脆弱な層があると、波はその弱い部分を集中的に削ります。やがて穴が空き、波がそこを掘り進んで、洞窟ができるのです。江の島に限らず、全国の荒波が押し寄せる岩場の多くに洞窟があるのは、このためです。

江の島のほかにも、日本には、波の侵食によって生まれた独特の景観が多数見られます。

たとえば、下北半島の「仏ヶ浦」は、江の島と同様の「海食崖」で有名な景勝地です。青森県・下北半島の海岸線に、約2キロにわたって断崖絶壁がつづくのです。

そして、その崖下には、大小さまざまの奇岩がそそり立ち、その景観は、まるで巨大な仏像がそびえているかのように見え、そこから「仏ヶ浦」と名づけられました。

その仏ヶ浦も、波に侵食されてできた海食崖地形です。仏ヶ浦の断崖は、おおむね火山灰が固まってできた「凝灰岩」でできています。凝灰岩はやわらかくもろい岩石なので、津軽海峡近くの激しい波によって削りとられ、切り立った断崖ができたのです。

海食崖以外にも、波の力は変わった地形を生み出します。たとえば、宮崎県の青島の「鬼の洗濯岩」と呼ばれる海岸地形です。青島は周囲1・5キロほどの小島ですが、同島へ渡る橋の上から左右を見ると、平たいながらも、でこぼこした岩の海岸が広がっているのです。まるで巨大な洗濯板のように見えるところから、「鬼の洗濯岩」と呼ばれるようになりました。

その景観も波の侵食作用によって生まれたものです。

青島の周辺の地層は、砂岩層と泥岩層が隣り合ってできています。波に洗われると、よりもろい泥岩層が侵食され、砂岩層は残ります。そうして、凹凸が規則的に並ぶ波状の地形が生まれたのです。

海岸段丘
室戸岬にある〝岩の段々畑〟の謎とは？

地理学で「海岸段丘」と呼ばれる地形があります。

「段丘」は、海や川などのそばにできる階段状の地形のこと。そのうち、海のそばにできると「海岸段丘」、河川のそばにできると「河岸段丘」と呼ばれます。

海岸段丘ができるおもな原因は、地震です。大きな地震が起きるたびに、陸地が隆起し、長い年月の間にそれが重なって、階段状の地形に発達するのです。つまり、海岸段丘の陸面は、かつての海底が隆起したものなのです。

とりわけ、海岸段丘で有名な場所が四国の室戸岬です。

室戸岬は南海トラフに面しているため、近くで繰り返し南海地震が発生してきました。それに伴う地盤の隆起によって、何段もの海岸段丘が生まれ、〝岩の段々畑〟のような景観になったのです。

なお、「南海トラフ」は、駿河湾から四国西端にかけての沖合で、フィリピンプレートが沈み込んでいる場所を指します。水深4000メートルにも達している海中の窪地で、後述するように、現在、巨大地震の震源になるのではないかと懸念されている場所です。なお、海の深い場所は、水深6000メートル以上を「海溝」、それより浅い所を「トラフ」と呼び分けます。

室戸岬の海岸は、そのプレート活動の影響で、1世紀当たり平均20センチは隆起してきたと見られます。それが海岸段丘を生み、さらに太平洋の荒波に洗われて侵食され、独特の景観が生まれたのです。

リアス海岸
三陸の複雑な海岸線は、実際どうやってできた？

海岸地形といえば、「リアス海岸」を思い浮かべる人も多いでしょう。かつては「リアス式海岸」と呼ばれましたが、近年は「式」がとれて、単に「リアス海岸」と呼ばれ、教科書にもその名で載っています。

日本のリアス海岸といえば、東北の三陸海岸が有名です。入り江と岬が複雑に入り組んだ海岸線が約600キロにわたってつづいています。

その地形は、波の侵食作用によって、生まれたものではありません。意外かもしれませんが、「リアス海岸」は、基本的には「海」の力ではなく、「川」の力によって生まれる地形なのです。

氷河期、いまの三陸海岸のあたりには、多数の川が流れ込んで、深い谷が数多く形成されていました。やがて、氷河期が終わると、地表をおおっていた氷が溶け出し、海面が上昇します。

すると、海岸近くの谷の深いところは海中に没し、比較的高い部分が陸地として残りました。そうして、陸と海が交互に現れる複雑な海岸線を構成することになったのです。

その三陸地方のリアス海岸は、ご存じのように、しばしば津波に襲われてきました。

三陸海岸に津波が多いのは、第一には、沖合にプレートの境界である日本海溝があり、その付近で地震がよく発生するからです。そして、第二には、入り組んだ海岸地形が津波を巨大化させるからです。

津波は、おもに海底地震や海底火山の爆発によって起きます。海底面がずれることによって、海底から海面までの海水がそっくりそのまま移動します。その巨大な海水の塊が、入り組んだ湾へ到着すると、狭くなった部分に集中し、異常な高さの津波となって、大きな被害を引き起こすのです。

1896年（明治29）6月の巨大津波では、2万6711人が犠牲となりました。また、2011年の東日本大震災では、津波と地震による死者・行方不明者が1万

8400人余りにのぼっています。

沈水海岸と離水海岸
なぜ松島には260もの島が浮かんでいる？

宮城県の松島は、湾内を小島が埋め尽くし、天の橋立（京都府）、宮島（広島県）と並んで「日本三景」のひとつに数えられています。松島湾内に大小260もの島が浮かび、直径10メートル以下の岩場まで加えると、その数は411にものぼり、典型的な「多島海」を形成しています。

そうした島々は、この地を襲った大規模な地殻変動によって生まれました。現在、湾内に浮かぶ島々は、大昔はふつうの陸地でした。ただし、やわらかな凝灰岩質の土地だったため、河川の浸食を受けやすく、やがて深い谷がきざまれました。

そこに起きたのが、地盤の沈降運動です。「沈降」とは「隆起」の逆で、土地（地盤）が沈み込むことです。

地盤が沈み込むと、もともとは谷底だった低い部分に、海水が入り込み、海になりました。一方、山（谷の上）は、海面上に頭を出して「島」になったのです。

このようにして、陸上の谷が海面下に沈んでできる地形、湾を「溺《おぼ》れ谷」といいます。陸上にあった谷が、まるで海に「溺れる」かのように、海面下に没した谷という意味です。

この「溺れ谷」は、地理学では「沈水海岸」に含まれます。

「沈水海岸」は、地面が沈降、あるいは海面が上昇して、海岸付近の陸地（おもに谷）が海のなかに沈んでできた海岸地形の総称です。要するに、地盤沈下にせよ、海面上昇にせよ、相対的に海面が上昇して生まれた海岸地形です。松島のような「多島海」のほか、リアス海岸やフィヨルドも、この「沈水海岸」に含まれます。

一方、「離水海岸」は、「沈水海岸」とは逆に、海面が低くなったり、海底が隆起したりして、浅い海底が陸の上に現れてできた海岸地形です。もともとは、なだらかな海底が陸面になるので、「沈水海岸」とは逆に、おおむね直線的な海岸線になるのが特徴です。その代表が千葉県の九十九里浜です。

「松島」に話を戻すと、近年、松島の海底がわずかながら、隆起しはじめているという報告があります。そもそも、松島湾の水深は1～3メートルしかありません。

遠い将来の話ですが、より浅くなれば、多くの島が海中に没するということも考えられます。

砂丘
鳥取に「大砂丘」ができた経緯は？

海岸地形のひとつに「砂丘」があります。

「砂丘」は、風や波などによって運ばれた砂が堆積してできる丘状の地形です。むろん、日本最大の砂丘は「鳥取砂丘」です。東西16キロ、南北2キロにわたって、砂の丘がつづいています。

砂浜は日本中にあるのに、なぜ、鳥取県の海岸だけに、大規模な砂丘ができたのでしょうか？

まず、鳥取砂丘に積もっている砂の70％は、中国山地から流されてきた石英砂《しゃ》が占めています。中国山地は、おおむね花崗岩でできていて、それが風化すると、石英砂ができるのです。

その石英砂が、中国山地から流れ出す川によって、いったんは日本海へ流されます。その砂を日本海の波が、陸地側に運び返し、陸地に積み上げます。さらに、風の力によって、吹き集められて、鳥取の海岸に大量の砂が堆積し、砂丘を形成したというわけです。

ただ以上のような、砂丘を形成する砂、川、波、風といった条件は、日本ではそう珍しくないことなので、日本のほかの地域にも、大きな砂丘ができてもよさそうに思います。

ただ、鳥取には、ほかの土地にはない、条件がもうひとつ加わっているのです。それは人為的な要因で、この地の近くの中国山地で、古くから「たたら製鉄」が行われてきたことです。

昔の製鉄作業では、木炭を燃やし、砂鉄石から鉄を溶かし出していました。その作業のため、大量の木炭を必要とし、中国山地では、広範囲にわたって樹木が伐採されました。山々はハゲ山になり、土砂をとどめる力を失って、大量の砂が流れ出したのです。

たたら製鉄の中心地は、鳥取県の隣りの島根県でしたが、海流の関係で、鳥取の海岸に大量の砂が堆積することになったのです。

鳴き砂
砂浜が「鳴く」条件とは？

鳥取砂丘以外にも、日本には、さまざまなタイプの砂浜があります。

たとえば、宮城県の十八鳴浜《くぐなりはま》は「鳴き砂」で有名な浜です。日本全国には、鳴き砂で知られる浜がいくつかあるのですが、とくにいい音で「鳴く」とされるのが、この十八鳴浜の鳴き砂です。なお、十八鳴浜と書くのは、「九十九」が「十八」だから。「ク、ク」と鳴くので、足せば「十八」というわけです。

普通の砂浜は、その上を踏んで歩いても、ザッザッというような雑音しかしませんが、この浜の砂は、キュッキュッやククーッといった音をたてて鳴くのです。

それは、砂の成分が石英質で、1粒の大きさがほぼそろっているときに起きる現象です。砂粒どうしがこすれ合うのではなく、大きさのそろった砂粒がひとつの面のようになり、面と面がこすれ合うので、きれいな音が出るのです。ただし、砂に少しでも汚れがつくと、その面が崩れることになり、鳴かなくなってしまいます。

一方、和歌山県白浜温泉の名所・白良浜《しららはま》は、その名のとおり、真っ白な砂で有名な浜です。真っ白な砂浜が600メートルもつづく、南紀・白浜《しらはま》温泉のシンボルともいえる存在です。

その砂も、やはり中心となっているのは、石英です。白良浜のすこし南に「千畳敷」という畳を千畳も敷いたような巨大な石英の岩盤があります。荒波がその岩盤に打ちつけ、岩盤をすこしずつ砕き、細かな石英の粒を海中に流します。その石英の粒が海流の関係で北に流され、堆積して美しい白良浜ができあがったというわけです。

南に目を向けると、鹿児島県の薩摩半島の西岸には、「吹上浜《ふきあげはま》」という砂丘があります。鳥取砂丘、静岡県の南遠《なんえん》大砂丘（浜岡砂丘はその一部）とともに「日本三大砂丘」とされる砂丘です。

吹上浜をつくったのは、桜島です。

桜島は、噴火すると、白い砂質の火山灰を飛ばします。その火山灰は、東からの風に乗って海を越え、薩摩半島に降り落ちます。そうした火山灰は「シラス」と呼ばれ、降り積もって「シラス台地」を形成してきました。

薩摩半島のシラス台地の砂は、雨によって侵食され、江口川、神之川、万之瀬川などに流れ込み、海に入ります。それが、やがて陸地に打ち上げられてできた砂浜が、吹上浜なのです。

火山と湾
鹿児島湾は、どうしてあの形になった？

ここで、海岸地形をもうすこし大きく見てみます。「湾」は、どのようにしてできるのでしょうか？

そのおもな原因は、地殻運動です。地殻運動によって、地盤が沈み込み、低くなった土地に海水が入り込んで、湾を形成するケースが多いのです。日本列島は、地殻運動が盛んなため、湾の数も多くなります。

その大半は、海深100メートルにも達しませんが、なかには相模湾（最深部で水深1600メートル）、駿河湾（最深部で水深2500メートル）のように、桁はずれに深い湾もあります。それらの湾では、とにかく地殻の沈降速度が速いため、陸地から土砂が流れ込んできても、沈降分を埋めるのに追いつかず、海がどんどん深くなったのです。

両湾ともに深いのは、プレートが沈み込む場所であることが関係しています。たとえば、相模湾の深いところには相模トラフがあり、そこはプレートが沈んでいく場所であり、一世紀につき、数メートルは沈降がすすんでいると見られます。そのため、相模湾は陸地のすぐそばにあるのに、ひじょうに深い海となったのです。

また、「湾」は、火山噴火によってできる場合もあります。たとえば、九州最南部の鹿児島湾は、東西幅10〜20キロ、南北幅は約70キロにもおよぶ大きな湾ですが、この湾そのものが巨大な噴火口なのです。

といっても、いまの桜島とは、直接の関係はありません。旧石器時代、いまの鹿児島湾の北部分には、始良《あいら》火山という巨大火山がそびえていました。それが、巨大爆発を起こし、火山自体は跡形もなくなったのですが、その噴火の痕跡が巨大カルデラとなりました。そこに海水が流れ込んで、鹿児島湾の北部分ができたのです。

一方、南部分には、指宿《いぶすき》（阿多）火山という大きな火山があり、それも大爆発を起こして、カルデラが残りました。そこにも海水が入り、鹿児島湾の南部分ができあがり、その2つがつながって生まれたのが、いまの鹿児島湾です。

黒潮
どのくらいの量の海水を運んでいる？

日本列島の南側には、太平洋を北上する暖流「黒潮」が流れています。別名「日本海流」と呼ばれる大海流です。

その黒潮は、意外に貧栄養な海流で、周囲の海よりもプランクトンの数が少なく、透明度が高くなっています。そのため、海面が青黒く見えるところから、「黒潮」と呼ばれるようになったのです。

黒潮は、世界最大級の暖流で、アメリカ東岸を北上するメキシコ湾流と並んで「世界二大暖流」とも呼ばれます。では、黒潮は、いったいどれくらいの量の海水を運んでいるのでしょうか？

黒潮の幅は、日本近海では、最大で100キロにも達し、水深は数百メートル。

その速さは平均で時速9キロ、最速で11キロにも達します。という数字から概算すると、1秒間に4000万～8000万立方メートルの水を運んでいると見られます。これをアマゾン川と比べると、同川は、川幅が最も広い河口域でも、その流量は毎秒25万立方メートル程度ですから、黒潮はその160倍から320倍もの水を運んでいるというわけです。

黒潮は、フィリピン海域から出発し、台湾の東側を通り、日本の南西諸島に沿って流れてきます。かつて、民俗学者の柳田国男が、三河の海岸で椰子の実を見つけ、その話を小説家・詩人の島崎藤村にしたところから、島崎藤村の『椰子の実』という詩が生まれました。その椰子の実は、黒潮に乗って、はるかフィリピン、台湾方面から流れてきたものというわけです。

親潮
なぜ三陸沖から北海道沖で、魚がよく獲れる?

日本の近海には、魚の量も種類も豊富な好漁場が多数あります。なかでも、東北の三陸海岸沖から北海道の東方沖にかけては、日本屈指の好漁場。水揚げ量も魚種も豊富な海です。

その海域が好漁場となったのは、そのあたりで、日本列島周辺を流れる二大海流が衝突するからです。

その海域には、北からは「親潮」が南下してきます。親潮は、千島諸島から北海道東方沖を通って南下してくる海流で、またの名を「千島海流」と呼ばれる寒流です。

一方、南からは、前項で述べた「黒潮」が北上してきます。北海道東方沖から三陸沖にかけては、その親潮（寒流）と黒潮（暖流）がぶつかる特別の海域なのです。

そもそも、寒流と暖流では、生息する魚がちがいます。そのため、この海域では両方の魚がとれ、魚種が豊富になります。

また、黒潮は比較的低栄養ですが、親潮は栄養分（プランクトン）をたっぷり含んでいます。その親潮が運んでくる栄養が、魚の数を増やし、また周囲の海域から魚を引き寄せるエサになるというわけです。

津軽海峡
海難事故が多い理由とは？

日本最大の海難事故は、1954年9月に起きた青函連絡船・洞爺丸の沈没事故です。いわゆる洞爺丸台風（第15号台風）の暴風によって、座礁・転覆し、その犠牲者は1139人にものぼりました。

津軽海峡は、もともと海難事故の多いところで、日本近海では、最大級の難所といっていいでしょう。船の航行にとって、地形的、気象的な悪条件が何重にも重なっている海域なのです。

まず、津軽海峡は幅が狭く、最も狭いところでは、わずか18キロしかありません。その狭い海峡が、世界最大の海である太平洋と日本海をつないでいるのですから、当然、潮の流れは速くも複雑にもなり、読みにくくなります。

また、太平洋と日本海の海流は、それぞれ暖かい空気と冷たい空気を連れてきます。温度のちがう空気が衝突すると、気圧差が生じ、天候が変わりやすくなるうえ、不規則な突風を発生させるのです。

むろん、そうした気圧のちがいは、冬場には吹雪をもたらします。吹雪に視界をさえぎられると、レーダーがある現代でも、操船はきわめて難しくなるのです。

日本海側で、ひときわ高い波が立つワケは？
寄り回り波

冬の日本海は、荒波が立つことで有名ですが、ひときわ高い波が立つのが、富山湾です。3～5メートルにも達する波が突然起こっては、沿岸地帯に押し寄せるのです。そして、時間をおきながら、湾の各地域を回るように寄せることから、「寄り回り波」と呼ばれています。

そのような特殊な波が生まれる原因は、遠く北海道の東海上で発達する低気圧にあります。

まず、冬型の東高西低の気圧配置になると、低気圧は日本海を西から東へ通過したあと、北海道の東海上で大きく発達します。

すると、シベリア高気圧との気圧差が大きくなり、北海道の西海域（日本海側）では暴風が吹き荒れます。風は、気圧の高いほうから低いほうへ吹くため、シベリアから北海道へ向けて吹きつける強風が、北海道の西海上に激しい波を起こすのです。やがて、その波が巨大なうねりとなって、富山湾に向かってきます。

一方、富山湾は、沖合は海深1000メートルにもなる深い海ですが、その分、陸地に近い部分では、急激に水深が浅くなります。その分、北海道の西海上で生まれたうねりが、ひときわ高い波となって、富山湾岸の各海岸を襲うのです。

同じ日本海側の新潟県も、激しい波が立つことで知られています。新潟県の海岸は、荒波によってどんどん削りとられるため、コンクリート護岸と波消しブロックでしっかり防護しなければ、「新潟県の面積が減る」といわれるほどです。

それは、単なる冗談とはいえず、かなりの事実を含んでいます。たとえば、明治時代、海岸近くに設立された新潟地方気象台は、その37年後、海岸から100メートルほど離れた現在も建つ場所へ移転されました。海岸侵食が激しかったためです。いまは、最初に気象台があった場所は、完全に海に没しています。たしかに、その分、新潟県の面積は減ったといえるのです。

新潟の海岸がそれほど激しく侵食されるのは、自然条件のほかに、信濃川の改修工事が関係していると見られています。日本最長の信濃川の氾濫を防ぐため、大規模な分水路が造られ、それによって、信濃川の水量は減り、氾濫のリスクは低くなりました。しかし、その一方、水量が減少した分、運ばれてくる土砂の量も減ったのです。

つまり、日本海の荒波によって海岸がどんどん削られているのに、補充されていた土砂の量が少なくなって、海岸線の後退がいよいよ激しくなっているというわけです。

鳴門海峡
「鳴門の渦潮」はどうやってできる？

瀬戸内海は、瀬戸（多数の島があり、海流が速い海域）と灘（海が広がり、海流が穏やかな海域）が、約50キロごとに交互に現れます。

それは、瀬戸内海がかつては陸地だったことと関係しています。

大昔、いまの瀬戸内海は、外海と切り離されて、巨大な窪地のようになっていました。やがて、外海との仕切りになっていた陸地が崩れ、海水が流れ込んできました。そして、比較的高い土地は島の多い「瀬戸」になり、盆地や低地は「灘」になりました。もともと、陸地だった頃、高地と低地が交互に存在していたので、その痕跡がいまの瀬戸内海にも残っているというわけです。

そして、瀬戸内海の東側には、淡路島が浮かんでいますが、その淡路島と徳島県の端は、わずか1・3キロしか離れていません。その狭い海峡が鳴門海峡であり、有名な「鳴門の渦潮」が発生する海域です。

鳴門の渦潮は、大きなものは直径20メートルになり、その中心部は、水面よりも1メートルも下がります。ひとつの渦が巻いている時間は数十秒間ほどで、そうした渦が次々と生まれては消えていきます。

そのような渦潮は、どのような地理的理由から生まれてくるのでしょうか？ 直接的な理由は、紀伊水道（淡路島の東側）と瀬戸内海（同島の西側）の海面の高さのちがいです。

紀伊水道側と瀬戸内海側では、満潮になる時刻がちがうため、瀬戸内海側が満潮を迎えたとき、紀伊水道側は満潮からすでに5時間もたっていて、すでに干潮を迎えているのです。

そうしてできる海面の高低差が、鳴門の渦潮を生み出します。海水は、当然、潮位の高いほうから低いほうへと流れますが、それが幅の狭い鳴門海峡では、とくに急流になるのです。ふだんで平均時速13キロ〜15キロ。春の大潮のときには、18キロものスピードになります。

その速い流れが、鳴門の渦潮ができる大きな理由です。

鳴門海峡では、海峡の中央部のほうが流れが速く、陸地側は比較的ゆるやかです。そのゆるやかな流れが、中央部の速い流れに巻き込まれる形で、渦を巻きはじめるのです。

有明海
海があやしく燃え上がる「不知火」が発生する仕組みは？

九州の有明海では、旧暦の8月1日（八朔）頃、海上で奇怪な現象が起きます。

海上で火が燃え盛るように見えたり、5〜7個の火が1列に並んだりしているように見えるのです。同地域では、そうした発光現象を「不知火《しらぬい》」と呼んできました。「不知火」は古くから知られ、古事記や日本書紀にも記されているくらいです。その原因は、大正時代までは「夜光虫説」や「海水中の塩分発光説」などが語られていましたが、昭和になってから科学的に解明されました。1936年、広島大学の宮西通可《みちか》教授によって、「蜃気楼」と同じ理由で発光することが突き止められたのです。

それによると、有明海は、最深部でも20メートルという浅い海であるため、海水が太陽熱で温められやすく、日中は海温が上昇します。低温のままの干潟と海水の豊富な場所では、約3度の温度差が生じます。そして、温度がちがうと、大気密度が変わってくるため、その空気中を通る光は屈折します。

そうした条件がそろうと、夜間、沖合の漁船が明かりをつけると、その光が屈折して、横に大きく広がって見えます。それが、まるで海が燃えているかのように見えたり、灯火が横に並んでいるように見えたりする原因です。

とりわけ、「八朔」の時期は日差しが強いため、海水と干潟の温度差が大きくなる季節です。そこに、新月であたりは真っ暗といった条件が重なると、不知火が起きやすくなるのです。

富山湾
魚津で目にする蜃気楼の正体は？

富山県の魚津市の海岸では、例年4月上旬から6月上旬にかけて、「蜃気楼」が見えます。

蜃気楼は、現実に存在しないものが見える現象ではなく、ふだんは見えない風景が光の屈折によって見えるようになる現象です。

魚津の蜃気楼も、ふだんは水平線の下に隠れている対岸の景色や漁船などが、光の加減で伸び上がって見えたり、倒立して見えるものです。ではなぜ、魚津市では、そうした蜃気楼が見えるのでしょうか？

その理由は、富山湾に流れ込む雪解け水にあります。

春になって気温が上がると、富山湾には、立山や黒部川上流の雪解け水が流れ込んできます。すると、海水面の温度が急激に下がり、海面上の空気も冷やされて、密度が高くなります。

しかし、季節はすでに春を迎えているので、湾の上空には、暖かい空気が流れ込んでいます。上空の空気は暖かく、密度は低いわけです。

つまり、この時期の魚津海岸では、「地表よりも上空の空気のほうが暖かい」という逆転現象が起きているのです。そうした空気の層を「逆転層」と呼び、それが光の異常な屈折を生み出します。

光は、密度の異なるところでは、密度が高いほうへすすむという性質があります。春の魚津海岸では、その現象が起きて、光は屈折して、密度の高い（温度の低い）下方へとすすみます。そうして、ふだんは見えない水平線下の景色が見えるようになるのです。

◎1行でわかる地理・地学キーワード――3章のまとめ

□**海食崖**――波の侵食によって形成された切り立った崖。別名、波食崖。

□**海食洞**――海食崖の脆弱な層を波が集中的に削ってできた洞窟。

□**波食台**――波の力によって海底が削られて、平らになった後、隆起して現れた平らな地形。

□**海岸段丘**――海沿いにできる階段状の地形。おもに地震が原因でできる。

□**リアス海岸**――岬と谷の入り組むギザギザ状の海岸線。谷に海水が入り込んでできる。

□**沈水海岸**――地面の沈降、または海面の上昇によって、谷が海中に沈んでできた海岸地形。

□**離水海岸**――海面の低下、または海底の隆起によって、海底が陸上に現れてできた海岸地形。

□**多島海**――松島のような小島が多数浮かぶ海・湾。

コラム1　日本列島をめぐる謎と不思議

⊙天橋立……長い「砂州」はどうやってできた？

日本三景のひとつ、天橋立は、京都府の日本海側、丹後半島の宮津湾にのびる砂州。広いところで幅約150メートル、狭いところで約15メートルほどの砂州に、7000本もの松林が立ち並んでいます。

その砂州をつくった主役は、宮津湾に吹きつける強風と、近くの海域の潮流。両者の影響で、湾内に大量の土砂が運び込まれ、さらに川からも土砂が運ばれることで、細長い砂州が発達しました。

⊙琵琶湖……昔の人が琵琶の形をしていると気づいたのは？

琵琶湖は、その名のとおり、楽器の「琵琶」の形をしていますが、昔の人はどうやって琵琶湖が琵琶の形をしているとわかったのでしょうか？

それは、琵琶湖の南西側にそびえる比叡山から見下ろしたから。標高848

メートルの同山の山頂あたりから見下ろすと、琵琶の形に見えるのです。

⦿吉野川……流域に「島」のつく地名が多いのは?

徳島市を流れる吉野川の流域には、「島」のつく地名が多数あります。三島、宮島、川島、大野島、鴨島、牛島、北島、そして徳島です。なぜでしょうか?

それは、かつての吉野川がたいへんな暴れ川で、氾濫すると、周辺は水につかり、小高い場所だけが、水の上に顔を出しているという風景が広がったからです。それが海のなかの「島」のように見えたのです。

⦿海津町……四方を堤防に囲まれた町になったのは?

岐阜県海津市の海津町は、いわゆる「輪中《わじゅう》」の町。四方を堤防に囲まれ、その内側に家屋や田畑があります。そんな町になった第一の理由は、木曽川、長良川、揖斐川の「木曽三川」が集まる低地にあるため。そして、標高が海面よりも低いところがあるため、海にそそぎ込んだ水が逆流してくることがあるのです。そのため、海側にも堤防が必要になり、四方をぐるりと堤防で囲まれることになりました。

◎立山……なぜ「ブロッケンの妖怪」が現れる？

ドイツのブロッケン山では、霧のなかに巨大な人影のようなものが現れます。それが「ブロッケンの妖怪」です。日本の立山《たてやま》でも、同様の現象が見られます。

この現象は、太陽光によって、自分の影が霧に映し出されるさい、光が霧の粒で散乱したときに起きます。発生条件は、人の背後から太陽光が差し込み、その先に雲や霧があることです。

◎富士五湖……かつては「富士六湖」だったって本当？

「富士五湖」は、富士山周辺の5つの湖の総称。ただ、その数は時代によって変わり、まず約9000年前の噴火で湖ができたときは、〝富士二湖〟でした。それが、800年の噴火で5つに、864年の噴火でいったんは6つになりました。その後、そのうちの忍野湖が姿を消し、いまの〝五湖体制〟になりました。

⊙猪苗代湖……魚がいない理由は？

福島県の猪苗代湖は、日本で４番目に大きな湖。それなのに、魚はほとんど棲息していません。それは、猪苗代湖の水質が酸性だから。

同湖に流れ込む長瀬川の先には強酸性の温泉があり、その水が流れ込んでくるため、同湖の湖水の平均ｐＨは４・９。酸性がかなり高いため、プランクトンが繁殖できず、それをエサとする魚の数も増えないというわけです。

⊙オホーツク海沿岸……四角い太陽が見えるのは？

北海道のオホーツク海沿岸では、冬場、太陽が四角く見えることがあります。それは、空気の温度差によって起きる蜃気楼の一種です。ふつう、空気の温度は上空ほど低くなりますが、冬のオホーツク海では放射冷却によって、上空よりも、海面近くのほうが温度が低いという逆転現象が起きることがあります。そうした「逆転層」ができると、光が異常屈折し、太陽が四角に〝変形〟して見えるような現象が起きるのです。

⊙北海道陸別町……なぜ「オーロラ」が見えることがある？

北海道内陸部の陸別町では、オーロラが見えることがあります。そもそもオーロラは、太陽活動の影響で起きる現象で、通常は北極圏などの高緯度地方で発生します。ただ、太陽活動が活発なときには、中低緯度地方でも見られることがあるのです。

陸別町の場合、それに加えて、空気が乾燥して、よく晴れている日が多く、また都市から離れているため、夜空は真っ暗です。それで、とりわけオーロラが見えることがあるというわけです。

⊙東北地方の日本海側……赤い雪が降ることがある？

東北地方の日本海側では、まれに赤い雪が降ることがあります。それは、中国から飛来する「黄砂《こうさ》」の影響。中国の黄河沿岸や、その先のゴビ砂漠やタクラマカン砂漠から風で運ばれてきた砂の影響とわかっています。「黄砂」のなかには、赤色系の微粒子も混じっているため、それが雪に混じって赤く見えるというわけです。

4章

地形で解く「岩石」「土壌」のなぜ？

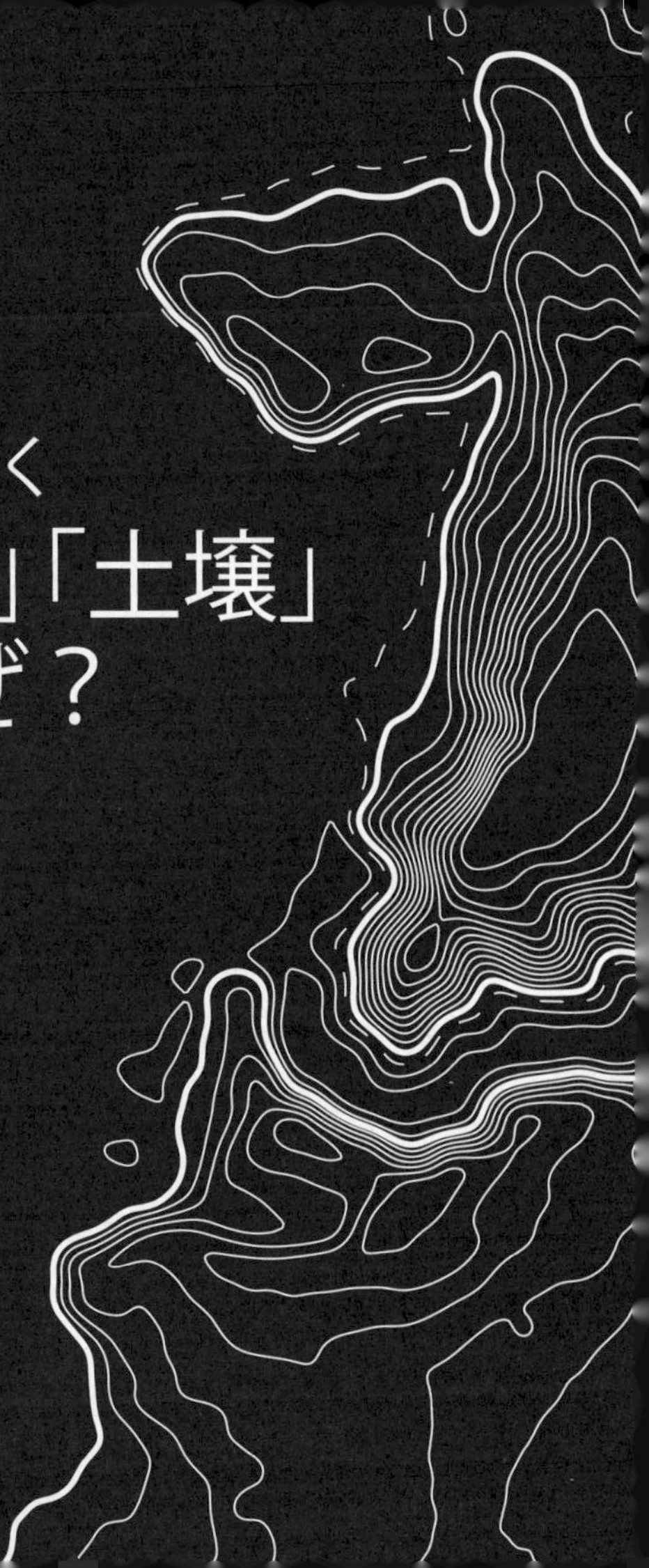

火成岩と火山岩
そのちがい、わかりますか?

地形は、どのような「岩」、あるいは「土」で構成されているかによっても、大きく変わってきます。

たとえば、硬く丈夫な岩石が多い土地では、侵食や風化がすすみにくいため、長い年月を経過しても、比較的、もとの地形を保っているものです。

一方、もろい岩石が多い土地では、侵食や風化がすすみやすく、山崩れが起きるなどして、地形が大きく変わるケースが多いのです。

この章では、地形に対して「地学」的にアプローチし、岩石や土壌が「地形」にどのような影響を与えるかについて、お話ししたいと思います。

とにかく、この国の地形は「火山」から大きな影響を受けているので、まずは火山が生み出す岩石(「火成岩」と総称されます)が、どのようにして、できるかからお話ししましょう。

まず、マグマは、地中のほかの岩石よりも比重が軽いので、油が水に浮くように、地表に向かって上昇を開始することがあります。しかし、上昇するにつれて、周囲の岩石との比重差が少なくなり、上昇がストップします。そうして、地中の比較的浅いところにたまります。それが「マグマだまり」です。

やがて、マグマは「マグマだまり」から溢れ、それが火山噴火につながるのですが、そのさい、地上に噴出して冷えて固まった石が「火山岩」です。

ここで注意したいのは、「火成岩」と「火山岩」では、意味がちがうことです。「火成岩」のほうが幅の広い概念で、具体的には「火山岩」と後述の「深成岩」を合わせた総称が「火成岩」ということになります。

そのうち、「火山岩」は、火山からの噴出物が、地表で急激に冷えて固まってできる岩石の総称で、玄武岩や安山岩がこのタイプに属します。

その特徴は、鉱物の粒（結晶）が小さいことです。マグマは、温度が下がると結晶化するのですが、火山岩は、マグマが地上に出てきた後、急速に冷やされるため、結晶が大きくなる時間がありません。そこで、細かな結晶で構成されることになるのです。その分、表面の構造は緻密でなめらか、さわるとつるつるしています。

一方、火成岩のうち、「深成岩」は、マグマが地表に噴出せずに、地下に残ったまま、冷えて固まってできた岩石の総称です。その代表格は、花崗岩です。

「深成岩」は、地中でゆっくり冷えて固まるため、結晶がより大きく成長します。たとえば、花崗岩は、結晶の粒が大きくはっきりしているため、その色彩などのコントラストが美しく見えるのです。その分、表面をさわると、ざらざらしています。

玄武岩
「玄武」って、どういう意味？

では、ここからは、代表的な火山岩と深成岩について、よりくわしく見ていきましょう。まずは火山岩の代表格の「玄武岩」です。

玄武岩は、色は暗い灰色や黒色。結晶が小さく、緻密な構造をもつ岩石です。化学的には、火山岩の種類は、総重量に対するケイ酸（SiO2）の含有割合で区別するのですが、その割合が45～52％の岩石が玄武岩とされます。また、この含有率が52～63％のものが次項で述べる「安山岩」です。

玄武岩は、世界中で最もポピュラーに見られる火山岩で、富士山をはじめ、日本列島の大半の火山に大量に存在しています。日本地質学会では「県の石」を選んでいるのですが、玄武岩は、山梨県、奈良県、兵庫県など、複数の県で、「県の石」に選ばれているくらいです。

この「玄武岩」という名は、1884年に小藤文次郎が命名しました。小藤は、明治時代、東大を中心に研究活動を行った日本の地質学・地形学の草分け。「日本岩石学の父」といってもいい人物です。

彼は、英語でこの岩石を意味する「basalt（バソルト）」の訳語として、兵庫県の城崎《きのさき》温泉の近くにある「玄武洞」から、玄武岩と名づけました。

その玄武洞は、幅約70メートル、奥行き約30メートルの洞窟。いまは、国の天然記念物にも指定されている観光スポットで、その見どころは、玄武岩の「柱状節理」です。「柱状節理」は、マグマが冷えるときに、五角や六角などに規則的に割れながら、固まる現象。とくに、縦に割れて材木状になったものを「柱状節理」と呼びます。

その玄武洞誕生のきっかけは、160万年前の火山活動でした。地中から流れ出したマグマが急速に冷えて固まるときに、五角形から八角形の柱が重なり合う柱状節理の奇観ができたのです。

それが、約6000年前、侵食されて地上に姿を現し、その後、人間が玄武岩を採取したため、その部分が洞窟になっています。

そもそも、そこを「玄武洞」と名づけたのは、1807年に、この地を訪れた儒学者の柴野栗山《りつざん》。「玄武」は、中国の神話で、方位を司る神（四神）のひとつで、蛇と亀が合体したような想像上の動物。柱状節理の様子が亀の甲羅に似ていることから、また「玄武」が黒色のシンボルでもあるところから、この黒色の目立つ洞窟をそう名づけたのです。

安山岩
なぜ、奇怪な風景をつくり出すのか

火山岩を代表するもうひとつの岩石が「安山岩」です。

安山岩は、玄武岩と同様、地中で急速に冷えて固まったため、緻密な構造をしています。色は、暗い灰色で、石材、石壁、砂利など、建築や土木に広く用いられています。

この岩石は、もとは南米のアンデス山系で発見され、アンデサイト（andesite）と名づけられました。日本では、その英名から「安山岩」と名づけられました。

安山岩は、群馬県の「県の石」に選ばれています。浅間山の鬼押出しの溶岩が、安山岩だからです。

安山岩は、地球上ではありふれた岩石ですが、なぜか火星や金星にはほとんど存在しません。いまのところ、その理由はよくわかっていません。

その安山岩も、玄武岩と同様、柱状節理の奇観をつくることがあります。その代表格は、福井県の「東尋坊《とうじんぼう》」です。巨大な岩の柱が束ねられたように列を成している名勝で、国の天然記念物に指定されています。

その風景を生み出したのは、すこし離れて背後にそびえる「白山火山帯」でした。大昔は、いまの東尋坊付近でも、マグマが活発に活動していました。地中から噴き出したマグマが、地表で急速に冷やされて固まり、そのさい、五角や六角に規則的に割れて、柱状節理を形成したのです。その後、日本海の荒波に洗われ、東尋坊の景観ができあがったのです。

岩手県の「厳美渓《げんびけい》」も、安山岩が生み出した名勝です。厳美渓は、一関市の市街から西へ8キロほど行ったところにある渓谷で、やはり国の天然記念物に指定されています。エメラルドグリーンの水流が美しく、その昔、伊達政宗が「松島と厳美は、わが領地の二大景勝地なり」といったと伝えられる景勝地です。

その渓谷の両岸には、岩壁が切り立ち、川底には奇岩が並んでいます。それらは、安山岩のなかでも、石英安山岩というタイプの岩が、急流に浸食されてできたものです。石英安山岩は、岩質が比較的やわらかいため、より深くえぐられたのです。

また、厳美渓独特の見どころは、川底のいたるところにある丸い窪みです。それらは「甌穴《おうけつ》」と呼ばれる穴で、小さいもので直径10センチ、大きなものでは直径・深さともに数メートルにおよびます。なお、「甌穴」の「甌」は、水を入れるかめのことで、形が似ていることから、そう名づけられました。

甌穴は、急流と小石によって、生み出されました。まず、何らかの原因で、川底の岩盤に割れ目ができると、そこに小石が入り込みます。小石は、濁流にもてあそばれて、窪みのなかで回転しつづけ、ドリルのような働きをして、周囲の岩を削りとります。

そして、窪みがすこしずつ大きくなると、こんどはより大きめの石が落ち込み、やはり回転して、穴をより大きく深く削ります。それが繰り返されて、やがて電動ドリルで掘り抜いたような、きれいな円筒形の穴ができあがるのです。

甌穴は、巌美渓だけでなく、ほかの急流でも見ることができます。日本最大といわれる甌穴は、埼玉県の長瀞《ながとろ》にあり、深さが4・7メートルもあります。

花崗岩①
太陽系では、地球以外にほとんど存在しない!?

花崗岩は、深成岩を代表する岩石で、世界的に広く分布しています。マグマが地下深くでゆっくり冷えて固まったもので、玄武岩や安山岩などの火山岩よりも、結晶が大きいのが特徴です。含有する雲母、石英、長石などの割合、種類のちがいで、「黒雲母花崗岩」、「両雲母花崗岩」、「閃雲花崗岩」などに分けられます。

この花崗岩、地球上ではごくありふれた岩石ですが、太陽系のほかの惑星には、ほとんど存在しないと見られています。それは、花崗岩が生成される過程で「水」が必要なことと関係しているようです。逆にいうと、地球以外の天体で、花崗岩が発見されると、それは水の存在、ひいては地球外生命の存在を示唆することになるというわけです。

花崗岩は美しく硬く丈夫なので、土木、建築、墓石、庭石などに広く利用されてきました。そして、実際に用いられるときには、もっぱら「御影石《みかげいし》」の名で呼ばれています。これは、兵庫県神戸市の「御影」という地名に由来する名です。

神戸市、そして御影地区の北側には、六甲山系が衝立のように連なっています。六甲山は、ほぼすべて花崗岩（黒雲母花崗岩）でできた山です。約7000万年前、マグマが地下でゆっくり固まって深成岩となり、その後、土地の隆起に伴って、花崗岩帯が地表に露出したのが、六甲山なのです。

その六甲山から切り出した石を御影地区で加工・出荷していたことから、「御影石」と呼ばれるようになりました。いまは、御影地区から出荷されたものは、とくに「本《ほん》御影石」と呼ばれています。

それ以外の場所でとれる花崗岩は、産地の名から「稲田石」（茨城県笠間市産）、

「三州みかげ」（愛知県岡崎市産）、「甲州みかげ」（山梨県塩山市産）などと呼ばれています。このうち、稲田石は関東産の御影石の代表格で、墓石や建築材によく使われています。

また、この花崗岩をめぐって、「国会議事堂はメイドイン広島」という人がいます。これは、国会議事堂の外回りの二階以上や、衆参両院の玄関の柱に、広島県呉市沖の倉橋島産の花崗岩が使われているからです。この石は、すこし離れて見ると、岩石全体が桃色に見えるため、「桜みかげ」とも呼ばれ、また議事堂にも使われていることから、「議院石」とも呼ばれています。

このほか、瀬戸内海には、香川県の北木島、山口県の黒髪島など、有名な石材産地が多数あります。そのうち、国会議事堂の外まわりの一階部分には、黒髪島産の「黒髪石」が使われています。これは、白っぽい斑状の黒雲母花崗岩です。

また、香川県高松市庵治《あじ》町・牟礼町の両町の境にある五剣山《ごけんざん》からとれる花崗岩は「庵治石《あじいし》」と呼ばれ、墓石として最高級とされる花崗岩です。讃岐藩松平家の指示で、採掘が開始され、高松城にも使われていることから、かつては「御用石」とも呼ばれました。

花崗岩のほかに、「はんれい岩」も深成岩の一種です。漢字では「斑糲岩」と書きます。「糲」には「くろごめ」という訓読みがあり、黒い玄米のこと。黒い斑点が目立つことから、前述の日本地質学の父、小藤文次郎がつけた名前です。

花崗岩② 六甲の水と花崗岩の意外な関係とは？

兵庫県神戸市の水は、古くから、おいしいことで有名です。いまは、ミネラルウォーターとしても人気がありますが、以前から世界中の船乗りの間で人気のある水でした。「コウベ・ウォーターは、赤道を越えても腐らない」といわれ、神戸港を訪れる世界の船が水を積み込んでいたのです。

そのおいしい水は、六甲山の花崗岩層をくぐり抜けるうち、自然濾過された地下水です。神戸の水がおいしいのは、六甲山のおかげなのです。

六甲山は、新第三紀（地質年代の区分で、約２３００万年前から２５８万年前）の末期以降の断層活動によって隆起し、前述したように、全山ほぼ花崗岩の塊といっていい山です。花崗岩がカルシウムやマグネシウムなどのミネラルを含んでいるので、この地域の水は、カルシウムやマグネシウムを適度に含んでいます。それが、豊かな味を演出するのです。

さらに、六甲山の表土は、花崗岩が風化して砂状となったものです。その砂状の層がフィルターの役割を果して、六甲山に降った雨から不純物が取り除かれます。そうして、ミネラルを適度に含み、不純物が取り除かれた水が、神戸の地に湧き出しているというわけです。

この六甲山から湧き出る水は、古来「宮水」と呼ばれ、酒造りにも利用されてきました。神戸市から近くの西宮市にまたがるエリアは「灘《なだ》五郷《ごごう》」と総称され、日本酒の産地としていまも名高い地域です。

凝灰岩
温泉の岩風呂といえば、なぜ凝灰岩が使われる？

岩石には、「火山」と直接の関係はない種類もあります。その代表が「堆積岩」

と総称される岩石であり、「凝灰岩」はその堆積岩の一種です。

ただ、凝灰岩は、火山とまったく無関係というわけではなく、火山灰や火山礫などの火山砕屑物が「凝結」してできた岩石です。「凝灰」とは「火山灰が凝結」したという意味なのです。

凝灰岩は、いまは「堆積岩」に分類されていますが、マグマを起源とするところから、火成岩と堆積岩の中間的な性格の岩石といえます。

凝灰岩は、日本中にある岩石で、全国各地で、さまざまな風景をつくり出しています。

たとえば、北海道・大雪山系の層雲峡では、凝灰岩の柱状節理を見ることができます。一方、九州では、宮崎県の高千穂峡は、凝灰岩の台地が侵食された渓谷です。また、北アルプスの穂高岳の山体は、凝灰岩でできています。

凝灰岩は、色は白っぽい灰色から黒っぽい灰色で、材質がやわらかく、加工しやすいため、さまざまな建築物に広く使われてきました。

建築材として最も有名なのは、宇都宮市大谷町を中心に産出される「大谷石《おおやいし》」です。耐火性に富んでいるので、石塀や石蔵に利用されるほか、敷石や内外装全般に用いられています。

一方、秋田産の「十和田石」は、大谷石よりは緻密なタイプの凝灰岩で、濡れても滑りにくいという特徴があります。そのため、温泉の岩風呂によく使われています。

石灰岩
石灰岩がつくる「カルスト地形」ってどんな地形？

「石灰岩」も、堆積岩の一種です。この岩石は、大昔、海底に堆積した動物の骨格や殻から生じ、炭酸カルシウムを50パーセント以上含んでいるのが特徴です。建築用に使われるほか、石灰やセメントの原料になります。

これも、世界中にある岩石で、たとえばエベレストの頂上やヨーロッパ・アルプスのアイガーは石灰岩でできています。そのことは、かつてはこれらの高山も海の底だったことの証拠になります。

日本では、秩父の武甲山《ぶこうざん》や鈴鹿山脈の藤原岳などが、〝石灰岩製〟の山といえ、山容が変わるほどに、セメントの原料用に石灰石が採取されてきました。

石灰岩は、場所によっては「カルスト地形」を形成します。それは、水に溶けやすい石灰岩の台地が、雨水に侵食されてできる地形。地表の石灰岩層が水に溶けて、すり鉢状の窪地ができたり、多数の岩柱が立つような不思議な景観を見ることができます。

また、カルスト地形の地下には、鍾乳洞が形成されることがあります。

鍾乳洞は、石灰岩層が地下水に侵食されてできる洞穴。その内部に鍾乳石（天井から垂れ下がっているもの）や石筍《せきじゅん》（地面から上に向かっているもの）などができます。

「カルスト」という名は、東ヨーロッパの国、スロベニアのKras（クラース）という地名に由来します。この地方には石灰岩が厚く分布し、典型的なカルスト地形を見ることができるのです。カルスト地形の研究がこの地ではじまり、その名が普通名詞化して、世界各地の同種の地形が「カルスト地形」と呼ばれるようになりました。

日本で最も有名なカルスト地形は、山口県の秋吉台《あきよしだい》です。広い草原に、多数の石灰柱岩が露出し、典型的なカルスト地形を形成しています。

また、秋吉台にはいくつも鍾乳洞があって、そのうち最大規模のものが、秋芳洞《あきよしどう》です。鍾乳石や石筍が発達していて、内部の天井の高さは最高で80メートルもあります。

なぜ、山口県にそのような地形が発達したのでしょうか？

話は、いまから3億年前にさかのぼります。その頃、一帯は海の底でした。やがて、海底火山の噴火によって浅い海ができ、そこにサンゴ類やウミユリ類などの古生物が生息するようになりました。その骨格や殻がいまの秋吉台に堆積したのです。

その後、隆起と沈降を繰り返すなか、堆積した生物の骨格などは石灰岩に変化していきます。それが最終的に隆起して地表に現れ、以後、雨水に溶かされることになりました。

雨水は最初のうちは地表を流れていましたが、やがて地表の石灰岩層を溶かして、岩石の隙間から地下に浸透して水路をつくっていきます。それが、やがて太く長くなり、鍾乳洞に発展したのです。

堆積岩

砂岩、泥岩、礫岩、頁岩…のちがいは？

ここで、ほかに、どのような「堆積岩」があるか、紹介しておきましょう。

まず「砂岩」はその名前どおり、砂が集まってできた堆積岩です。建築や土木に使われるほか、砥石《といし》の材料になります。後述の「泥岩」とは、構成している粒の大きさで区別されます。

「泥岩」は海底などに堆積したシルト（泥、粘土）が硬化した堆積岩です。砂岩と層を成していることが多く、泥岩が多いと、地滑りがよく起きます。たとえば、新潟県の上越地方には「寺泊層《てらどまりそう》」と呼ばれる地層があって、地滑り地帯として知られています。寺泊層は、深海堆積物から生じた泥岩で構成され、地表に出ると風化されやすく、水を含むとやわらかくなるという厄介な地層です。同地方では、雪解け水が地表にしみ込む4月、とりわけ地滑りが増えます。

「礫岩《れきがん》」は、海や川に堆積した小石が砂などとともに固まったもの。構成している粒の大きさが2ミリ以上のものを指します。なお、「礫」という漢字には「こいし」という訓読みがあります。

「頁岩《けつ》」は、泥岩の一種で、薄くはげる傾向のある石を指します。「頁」は「ページ」とも読む漢字で、まるで本のページをめくるように、薄く割れる性質から、この字が使われました。「頁岩」の英名はshale（シェール）で、オイルシェール（油を含む岩石）ということもあります。

「石炭」も、堆積岩の一種です。古生代後半の石炭紀などに、植物が地殻中に埋没して堆積し、炭化してできた物質です。

「チャート」は、放散虫や海綿動物などのプランクトンの遺骸が海底に堆積、固まってできた岩石です。堆積岩のなかでは、きめ細かで、ひじょうに硬いことが特徴です。なお、chertとつづり、chart（海図、図表などの意）とは別の言葉です。

また、岩石には、「変成岩」と呼ばれるタイプもあります。

これは、もともと火成岩や堆積岩だったものが、高温・高圧にさらされて、組成が変化した岩石の総称です。おもに、温度や圧力によって結晶が再結晶し、結晶のサイズが大きくなることで、別の岩石に変わったものを指します。

たとえば、「石灰岩」は、熱や圧力が加わると、結晶のサイズが大きくなり、「大理石」（別名、結晶質石灰岩）に変わります。ご存じのように、彫刻や建築物の内装装飾によく使われる美しい岩石です。

なぜ長瀞が〝地球の窓〟といわれるの？

長瀞（埼玉）

埼玉県の長瀞は、秩父地方有数の行楽地。荒川の上流部にあたり、ライン下りの船に乗って、渓谷美を楽しむことができます。なお、「瀞」は、川の水が深くて、流れがゆるやかなところを指す言葉。つまり、「長瀞」とは、ゆるやかな流れが長くつづくところという意味です。

長瀞下りのハイライトは、「岩畳《いわだたみ》」と呼ばれる変成岩帯です。幅80メートル、長さ500メートルにわたって、名前のとおり、畳を敷いたような岩石帯が広がっています。その岩石の種類は結晶片岩で、地下20〜30キロメートルの高熱・高圧によって変成した変成岩です。それが、地上に露出しているのです。

その変成岩の様子を調べると、過去に地下で起きた断層、褶曲といった変成過程を観察することができます。そうして、地球内部で起きたことが覗くようにわかることから、長瀞は「地球の窓」とも呼ばれています。

その長瀞では、河岸の岩肌にくっきりとした縞模様が現れています。黒、白、茶、緑など、さまざまな色の縞模様があり、なかには、茶と白の縞が虎皮のように見える「虎岩」と呼ばれる岩もあります。

長瀞の岩が縞模様になるのも、結晶片岩からできているためです。結晶片岩は、結晶が薄い紙を重ねたようにできていて、板状に割れやすい岩石。その結晶の仕方によって、岩肌に横向きの縞模様が生じるのです。

長瀞で、そのような結晶片岩をはじめて発見したのは、ドイツ人のエドマンド・ナウマンでした。ナウマンゾウの化石の発見で有名なナウマン博士です。長瀞での発見は、明治11年のことで、そこから日本における地質学研究がスタートしました。

ナウマンは、いわゆるお雇い外国人の一人として、弱冠20歳で来日、数年後には東京帝国大学の地質学教室の初代教授に就任した英才です。数々の地質調査に責任者として参加、日本の地質学の基礎を築きました。

鹿沼土

園芸ファンおなじみの土は、どうやってできた？

通気性にも保水性にもすぐれている「鹿沼土《かぬまつち》」は、園芸ファンにはお馴染みの土で、とくに盆栽用によく使われます。

この土は名前のとおり、栃木県の鹿沼市を中心とした一帯から産出される土です。

鹿沼土は、土壌学的には、関東ローム層中の軽石層の一種です。乾燥しているときは白っぽい色ですが、水分を含むと、鮮やかな黄色に変わる性質があります。なぜ、そのような土が、鹿沼地方でとれるのでしょうか？

日本列島では、岩石だけでなく、土壌も火山の影響を受けています。鹿沼土もそのひとつで、3～5万年前、群馬県の赤城山が大噴火したさいに噴出した火山灰土が降り積もったものです。現在は地表にあるわけではなく、採取するには、関東ローム層を2メートルほど掘り下げる必要があります。

このほかにも、名前のついている有名な土には、火山灰土が少なくありません。

その代表格が、九州南部でシラス台地を形成しているシラスです。シラスは漢字では「白砂」と書き、白い軽石のこと。その軽石が堆積してできた土地、シラス台地は、鹿児島県の52％、宮崎県の16％を占めているといわれます。

シラス台地は、水はけがよすぎるため、稲作には向きません。そこで、鹿児島県では、サツマイモやダイコン（桜島大根）が栽培されるようになったのです。

前述したように、約3万年前、鹿児島湾を生み出した姶良カルデラが大噴火、火山噴出物が周囲を埋め尽くしました。その軽石、火山灰が堆積、後に侵食されて台地化し、いまの鹿児島県、宮崎県にシラス台地を形成しました。その堆積層は、厚さ100メートルに達する場所もあります。

シラス台地は、地盤がもろいうえ、地下水の影響を受けやすい厄介な土壌です。かつて九州新幹線を通すさいにも、このシラス台地に、どうやってトンネルを掘るかが、技術的な課題となりました。

新幹線は振動をもたらすため、その〝ミニ地震〟による土壌の液状化が懸念されたのです。結局、路盤の下に水砕スラグという特殊な物質を埋設するという方法で、九州新幹線は無事シラス台地を乗り越えることができました。

◎1行でわかる地理・地学キーワード――4章のまとめ

□**火成岩**――火山由来の岩石の総称。火山岩と深成岩を合わせた概念。

□**火山岩**――火成岩のうち、マグマが地上に噴出してから、急速に冷えて固まってできた岩石。

□**深成岩**――火成岩のうち、マグマが地下に残ったまま、ゆっくり冷えて固まってできた岩石。

□**堆積岩**――砂、泥、火山噴出物、生物の死骸などが積み重なってできた岩石。

□**変成岩**――火成岩や堆積岩が高温・高圧にさらされ、結晶が大きくなるなど、組成が変化した岩石。

□**柱状節理**――マグマが地上で冷えて、五角形から八角形の柱状になって固まる現象。

□**カルスト地形**――石灰岩の台地が、雨水などに侵食されてできる地形。

5章

地形で解く「日本列島」のなぜ？

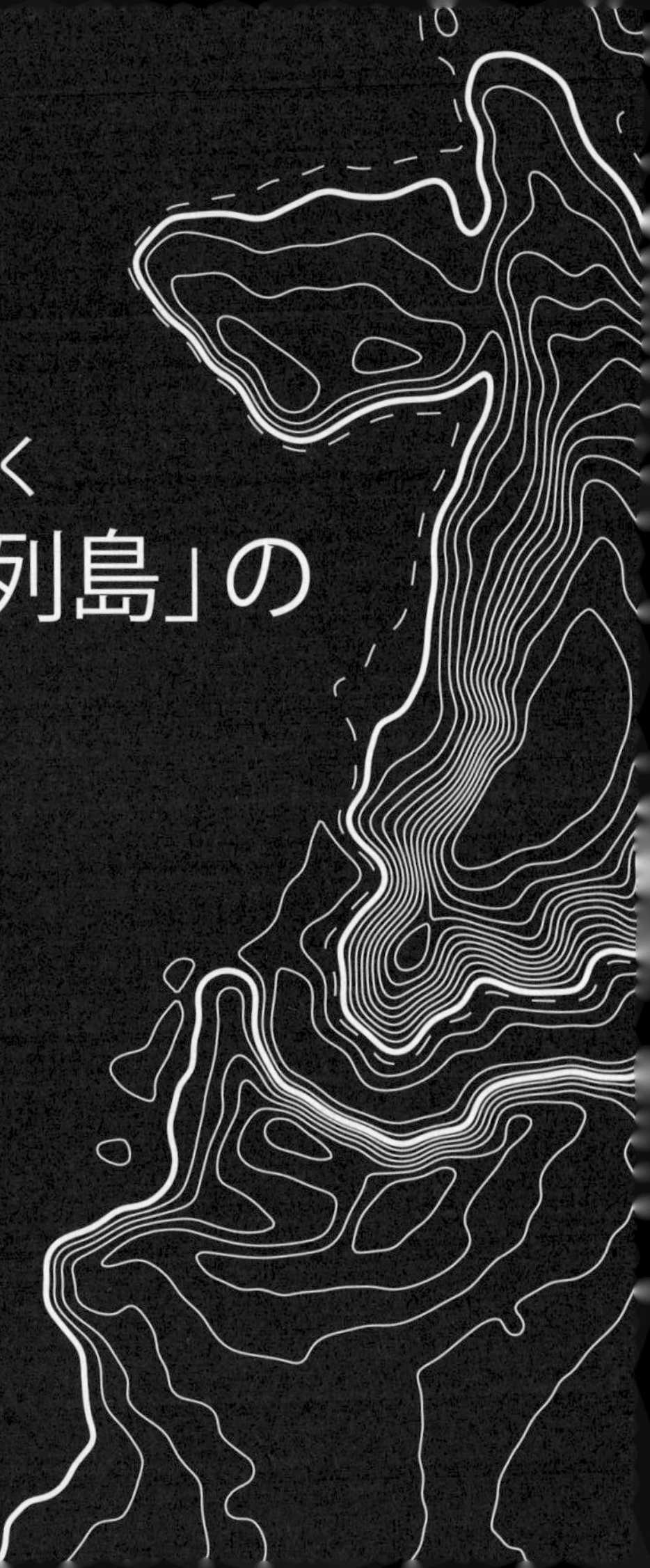

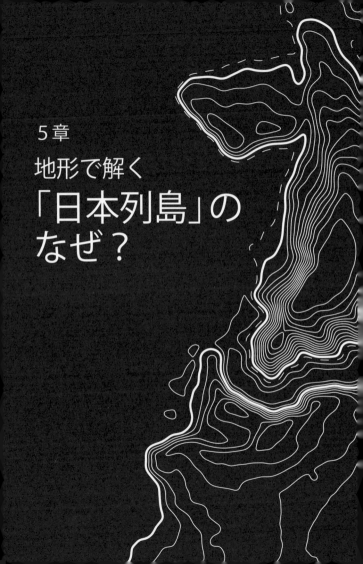

日本列島

いまの地形に落ち着くまでに、なにが起きた？

では、そもそも、日本列島は、どのようにしていまの形になったか、振り返ってみましょう。

いまから3000万年以上前、現在の日本は、ユーラシア大陸の端っこにくっつく「付加体」と呼ばれる部分でした。「付加体」とは、プレートどうしの衝突が原因でできる堆積物です。やがて、太平洋プレートがユーラシアプレートの下に沈み込むとき、その力に引きずられて、大陸と付加体（日本の〝もと〟）の間に亀裂が生じました。亀裂はじょじょに広がって、そこに海水が入り、いまの日本海の原型となる入り江ができました。

亀裂はすこしずつ大きくなり、いまから2000万年前頃、付加体周辺の地下で、マントルの上昇が活発になり、ついに付加体は大陸から切り離されました。これは日本海の誕生劇でもあるので、「日本海開裂」と呼びます。

そして、付加体は2つの部分（以下、「東日本側」と「西日本側」と呼びます）に分かれ、大陸との距離を広げ、太平洋側へ移動します。

その頃、東日本側は大半が海中に沈んでいて、陸地はいまの北上山地と阿武隈山地にあたる部分が海から顔を出している程度でした。

一方、いまの九州・関西などにあたる西日本側は、陸地部分が多く、現在の西日本に近い形をしていました。そして、両者の間には、浅い海が広がっていました。

やがて、東日本側がプレートの影響で西へ移動して、西日本側に衝突します。その衝撃で、西日本側の一部が大きく隆起しました。それが、いまの日本アルプスです。もともとは海だった部分もあるため、現在の3000メートル級の山々の山頂近くで、海洋生物の化石が発見されたりするのです。

この衝突によって、東西の付加体の間にあった海は埋まり、日本列島は、現在の弓のような形に近づきました。ただし、東日本にはまだ海に沈んでいる部分が多く、関東平野も浅い海の底でした。

その後、プレートの活動によって、東日本全体が隆起を開始し、陸上部分が増えはじめます。さらに、約500万年前には、太平洋側から、現在の神奈川の丹沢山脈にあたる火山島がぶつかってきました。そして、最後まで浅い海底だった関東平野が陸上に顔を出し、さらに、50万年ほど前には、いまの伊豆半島にあたる火山島が衝突してきました。そうして、日本列島はほぼ現在の形になったのです。

フォッサマグナ その正確な位置はいまだに不明!?

前項で述べたように、かつて2つに分かれていた東日本側と西日本側は、衝突し、つながったわけですが、その痕跡はいまの日本列島にも残っています。

それが、「フォッサマグナ」と呼ばれる部分です。なお、〝フォッサグマ〟ではないので、ご注意のほど。

ラテン語で「フォッサ」は「溝」、「マグナ」は「大きい」という意味で、合わせて「大きな溝」を意味します。じっさい、かつて東日本側と西日本側の接着面は、深い溝のようになっていたのです。

それを「フォッサマグナ」と命名したのは、前述のナウマン博士でした。ナウマンは、地質構造の異なるライン（後述の糸魚川《いといがわ》―静岡構造線、通称「糸静線《いとしずせん》」）を発見し、日本列島に巨大な「地溝帯」が存在することに気づいたのです。

事実、フォッサマグナは、日本列島のほぼ中央部を縦に走る「大地溝帯」です。東日本側と西日本側が接着したばかりの頃には、その接着したばかりの地層はU字型の溝のようにへこんでいたのです。

ただ、いま、フォッサマグナと呼ばれる部分には、山もあれば平野もあります。関東平野ですら、ほぼ全域がフォッサマグナ内に入ります。かつては深い溝だった部分が、地殻変動で隆起し、あるいは火山灰などが堆積して、山地や平野になっているのです。

このフォッサマグナ、西の端ははっきりわかっています。新潟県の糸魚川から長野県の塩尻、甲府盆地の西を通り、山梨県の韮崎《にらさき》を経て、静岡に至る大断層が、フォッサマグナの西の端にあたります。それが前述した「糸魚川―静岡構造線」と呼ばれるラインです。

一方、東端は、はっきりはわかっていません。東端があると推定される関東地方が火山噴出物（関東ローム層）にすっぽりおおわれているためです。現在では、おおむね新潟県の柏崎と千葉県を結ぶあたりではないかと見られています。

地質学では、フォッサマグナから西側を「西南日本」と呼び、東側を「東北日本」と呼びます。ほかにもいろいろなことで、「糸魚川—静岡構造線」あたりが東日本と西日本の境界線になっています。

たとえば、電気の周波数の東西の境界線は、新潟県の糸魚川と静岡県富士川付近を結ぶラインで、ピタリ「糸静線」と重なっています。それより東が50キロヘルツで、西が60キロヘルツなのです。

料理の味にしても、そのあたりが東西の境目になり、かつてうどんのダシの濃さを調べたところ、新潟から長野、静岡にかけてのラインの東側は味が濃く、その西側はいわゆる関西風だということがわかっています。

断層と褶曲
どういうとき、地殻変動が起きるのか？

地球の内部で起きる地殻変動には、いろいろな種類がありますが、この項では、なかでも重要な「断層」と「褶曲」について見ておきましょう。

まず、「断層」は、地層や岩盤に力が加わって、割れ目が生じ、それに沿って、両側がずれる現象です。英語ではfaultといい、これは失敗や間違いと同じ単語です。

断層を起こすのは、自然地理学で「内的営力」と呼ばれる力であり、具体的には、プレートの移動や衝突、ずれ、マグマの移動、火山活動などです。いずれも、プレートとマグマの動きに関係する事象であり、4つものプレートが近くにあって、マグマ・火山の活動が活発な日本列島には、それこそ無数の断層があります。

そのうち、「日本の二大断層」とされるのが、前述の「糸魚川―静岡構造線」と、これから述べる「中央構造線」です。

「中央構造線」は、「糸静線」をしのぐ日本最長の断層です。九州東部の佐賀関半島から、四国、紀伊半島を横切り、関東地方の成田まではつづくことがわかっています。やはり、ナウマン博士が発見し、命名しました。

この中央構造線の北側（大陸側）を「西南日本内帯」、南側（海溝側）を「西南日本外帯」と呼びますが、おおむね西日本では、このラインに沿って、谷や崖が発達しています。断層運動によって、岩石などがもろくなるためです。

また、中央構造線の上には、有名な神社や寺が多いといわれ、じっさい、高野山、伊勢神宮、諏訪大社などがこのライン上にあります。その理由についてオカルト的な説を唱える人もいますが、断層活動によって生まれた奇観や景勝地が多いことが関係しているといえるかもしれません。

断層運動は地形の形成に大きく関与し、それによって生み出される「断層地形」にはさまざまなパターンがあります。

まずは「断層山脈」です。これは、断層の運動によって形成された山脈のこと。たとえば、日本アルプスのうち、木曽山脈（中央アルプス）と赤石山脈（南アルプス）は基本的には断層山脈です。一方、飛騨山脈（北アルプス）は、火山活動と断層運動の双方の力によって生み出された山脈です。

次いで、「断層崖《がい》」は、断層運動によって生じた急傾斜の崖を指します。「断層山脈」でよく見かける地形です。

「断層湖」は、断層運動で生じた陥没地や断層崖に囲まれた低い土地に、水がたまってできた湖です。日本には少ないタイプですが、シベリアのバイカル湖や、イスラエル・ヨルダン・パレスチナの国境地帯にある死海は、このタイプに属します。

「断層盆地」は、断層運動によって、地盤が沈み、断層崖に囲まれるようになった地形です。諏訪盆地や伊那盆地、奈良盆地などは、この断層盆地に入ります。

そして、「断層海岸」は、断層によって形成された海岸。切り立ったような急傾斜の崖面になります。

なお、よく耳にする「活断層」は、過去百数十万年の間に、ずれたことのある断層のことです。百数十万年も、地球の寿命から見れば、ほんの一瞬。今後も動く可能性が高く、震源となる可能性の高い断層です。

もうひとつ、地形に大きな影響を与える地殻運動に「褶曲」があります。これは、水平だった地層が、横からの圧力によって波状に曲がる現象です。

おおむね、固まりきる前の地層が、横方向からの力を受けて、波形に変形します。そうして、盛り上がったり、谷のように沈んだ土地ができます。

「褶曲山脈」は、地殻変動のため、地層が波状にうねっている山脈。ヒマラヤ山脈やアルプス山脈は、これに属します。

関東平野①
そもそも平野ができたきっかけは?

地理学的には、「平野」は大きく2つに分かれます。侵食平野と堆積平野です。このうち、侵食平野は安定陸塊上にある平野で、日本には存在しません。日本の平野は、すべて堆積平野です。

その堆積平野は、大きく3つに分けられます。洪積台地と海岸平野、沖積平野です。関東平野は、基本的には、洪積台地(山の手)に沖積平野的な低地(下町)が組み合わさってできた平野といえます。

その関東平野は、日本の平野のなかでは、規格外の広さを誇ります。1都6県にまたがって関東地方の大半を占め、総面積は約1万7000平方キロ。濃尾平野(愛知県)や大阪平野の約10倍、日本の国土の約5%、全国の平野(9万平方キロ)の約2割を占めています。むろん、日本最大の平野です。

その関東平野は、日本列島のなかでは、最も新しい「土地」です。前述したように、日本列島は約2000万年前、大陸から切り離されることで生まれますが、関東平野はつい300万年前までは、海の底でした。

それがじょじょに隆起して、洪積台地化するなか、東側には、東方の山から流れてくる川が、土砂を運んで台地が広がりました。

一方、関東平野の西側は、浅い海の底や湿地帯でしたが、8万年前頃から、富士山、浅間山、赤城山などの噴き出した火山灰が降りそそぎます。その火山灰は、外海に流されず、海底にたまっていき、低地化しました。

そうして、西側の台地と東側の低地がつながり、関東平野の原型ができたのです。

関東平野②
実は東京が坂道だらけの理由とは？

ただし、関東平野は「平野」とはいえ、けっこうアップダウンのある地形です。とくに、東京は起伏に富んだ坂道の多い街です。

地名を見ても、赤坂、乃木坂、三宅坂、紀尾井坂、九段坂、神楽坂、道玄坂など、

「坂」のつく地名が、23区内だけでも800以上もあります。

また、名前がついている坂が600以上もあり、最も多い名前は「富士見坂」で、都内に12か所もあります。このほか、汐見坂、暗闇坂、幽霊坂、新坂が、それぞれ都内に10か所前後あります。

東京に坂が多いのは、前項で述べたように、関東平野全体が台地と低地が接着してできた平野であり、東京は、その傾向が顕著だから。東京は、山の手の台地と下町の低地にはっきり分かれ、両者を結ぶところに、多数の坂が生まれたのです。

そうした地形になった要因のひとつには、周囲に活火山が多いことがあります。富士山、赤城山、浅間山、男体山などが噴火するたびに、いまの東京などには火山灰が降り積もり、分厚い火山灰層が堆積しました。それが、いわゆる「関東ローム層」です。

なかでも、富士山により近い西側には、より大量の火山灰が降り積もりました。富士山の噴火は約8万年前にはじまったと見られ、以降、噴火のたびに、噴き出した火山灰は偏西風に乗って東へ運ばれ、東京都内に5～8メートルの高さまで降り積もりました。その火山灰によって、東京の西側の台地はより盛り上がったのです。

たとえば、東京と埼玉にまたがる「武蔵野台地」は、面積が700平方キロもあり、23区（東部をのぞく）と多摩地区（南多摩をのぞく）の大半が含まれます。

一方、東側（現在の墨田区や江東区といったいわゆる下町）には、沖積平野が広がりましたが、そこには、関東ローム層は積もりませんでした。もともと、富士山などの活火山から距離があるうえ、河川の氾濫が多く、火山灰が地層を形成する前に、海に流されてしまったからです。

というようなわけで、東京では、武蔵野台地と低地の間に高低差が生まれ、その斜面に無数の坂が生まれることになったのです。

より細かく見ると、東京の台地は、上野台、本郷台、豊島台、淀橋台、目黒台、荏原《えばら》台、久《く》が原台などに分けることができ、それがいわゆる「山の手」です。

たとえば、品川駅から目黒駅にかけての山手線の内側は、台地部分が多く、典型的な「山の手」を形成しています。この地域には、島津山、池田山、花房山、御殿山、八ツ山という5つの高台があり、「城南五山」と総称され、江戸時代には大名屋敷が立ち並んでいました。明治時代になると、皇族、華族、財閥の当主らが邸宅を構え、戦後は高級住宅地として分譲されました。むろん、その台地から下る斜面には、多数の坂があります。

東京低地
東京湾岸の地盤はどうなっている?

武蔵野台地に対して、荒川、隅田川、江戸川に囲まれた下町エリアは「東京低地」と総称されます。いまの区分でいうと、墨田区、葛飾区、江戸川区、江東区あたりです。「東京ゼロメートル地帯」どころか、東京湾の海面よりも低い土地がある地域です。

そうした「東京低地」は、もともと湿地帯だったうえ、関東ローム層が堆積することもなかったのですが、人間の手によっても、ますます低い土地になりました。高度成長期、工業用水を汲み上げすぎたため、地盤沈下が進行し、ついに標高ゼロメートル以下となったのです。

そもそも、東京低地の地下には、軟弱な土砂が堆積し、地下水を多く含んだ液状化しやすい層もあります。そもそも、地盤沈下しやすい地質だったのです。高度成長期を過ぎた1975年には、工業用水の汲み上げが禁止されたのですが、その後も沈下した地盤が回復することはほとんどなく、現在に至っています。

なお、東京の下町は総じて地盤が弱いのですが、東京湾岸をさらに東にすすんで、千葉県に入ると、地盤が強固になります。千葉、市原、木更津、君津あたりで、この地域に日本製鉄などの日本を代表する重工業の工場が集まっているのも、それゆえです。

地盤の弱いところに、大規模工場（要するに、重量のある工場）を建てると、地盤が沈下する恐れがあります。一方、東京湾の東側は台地で、地盤が強固です。高度成長時代、その土地を利用して、大規模コンビナートが建設されて、京葉工業地域が、東京湾の東側にまで広がることになったのです。

渋谷　超高層ビルがこれまで建てられなかったのは？

ＪＲの山手線は、東京の台地と低地を駆け抜けながら、23区の中心地を一周します。その駅のなかで、とりわけ標高の低い場所にあるのが、「渋谷駅」です。「地下鉄」であるはずの銀座線の渋谷駅がビルの3階にあるのも、そこがすでに十分に低い土地だから。そのため、渋谷駅から街に出ると、周囲は宮益坂、道玄坂、スペイン坂、金王坂と、上り坂だらけです。

じつは、渋谷駅のある場所は、かつて渋谷川が削り出した谷の底。渋谷川は１９６４年の東京五輪を機に暗渠《あんきょ》になったものの、いまも渋谷の街の地下を流れています。

これまで、渋谷駅周辺に超高層ビルがあまり建たなかったのも、渋谷川の存在が関係しています。渋谷駅周辺は、もともと谷底であるため、周囲から運ばれた泥土が堆積していて、地盤が弱いのです。

むろん、超高層ビルを建設するには、地盤は強固であることが望ましい。都内に超高層ビルを建てる場合には、「東京礫層」と呼ばれる礫層に長い杭を打ち込む必要があるのですが、地盤が強固であれば、そのコストは低くなり、地盤が弱いと、そのコストがかさむことになるのです。

一方、昭和40年代から、多数の超高層ビルが建設されてきた新宿周辺は、もともとと地盤が強い場所です。

池袋も、比較的地盤の強いエリアで、昭和の頃から、サンシャイン60などが建てられてきました。

その地盤の強弱の差が、渋谷の超高層化が、新宿から半世紀も遅れることになった理由といえます。端的にいって、新宿では東京礫層に打ち込む杭が短くてすみ、渋谷では長大な杭が必要なのです。その分、資材費も人件費もかさむことになるのです。

ここで、山手線全体に目を向けると、一周34・5キロの路線は、東京の台地と低地を走り抜けていきますが、そのうち、上野は、沖積低地に開けた街なので、地盤は比較的弱いほう。そのため、上野では、超高層ビルを中心とした大規模開発の話は、あまり聞きません。

一方、西側の目黒、代々木、新宿、池袋は、武蔵野台地の上、要するに比較的高いところに駅があります。最高地点は、意外かもしれませんが、新宿駅の近く。標高41・1メートルもあります。

関東ローム層
結局、どうして「赤い」のか？

東京の「練馬」という地名の由来をめぐっては、諸説あるものの、赤土の「練り場」に由来するという説が有力です。また、「赤羽」という東京都北区の地名は、「赤埴《あかはに》」がなまったものと見られます。「埴」とは黄赤色の粘土のこと。要するに、「練馬」も「赤羽」も赤土、つまりは「関東ローム層」と関係している地名のようなのです。

「関東ローム層」は、東京だけでなく、関東地方全体の台地や丘陵部をおおいつくしている地層です。

富士山や箱根山などが噴火すると、前述したように、火山灰は偏西風に乗って東へ飛ばされ、関東一円に降り積もりました。その後、火山灰は風化し、粘土状になっていきます。それが、いまの関東ローム層です。

同層は粘土質であるため、もともとは作物の栽培、とくに稲作にはあまり向いていない土壌です。

そのため、関東平野では、野菜の栽培が盛んになりました。また、地盤としての強度は比較的高いため、建物を建てるのには向いた地層といえます。

その関東ローム層は「赤土」であることで有名ですが、これは土中に含まれている鉄分が酸化して生じた色。簡単にいえば、土のなかの鉄サビが原因です。

これも、火山噴火によるものといえ、大昔、富士山などからもたらされた火山灰に鉄分が含まれていたのです。

細かく見ると、東京や神奈川の南関東は、富士山や箱根山由来の火山灰におおわれています。

一方、栃木や群馬の北関東には、赤城山や那須岳の火山灰が堆積しています。同じ関東ローム層でも、南関東と北関東では、〝出身地〟が異なるのです。

1行でわかる地理・地学キーワード——5章のまとめ

□**フォッサマグナ**——日本列島のほぼ中央部を縦に走る巨大な地溝帯。

□**糸魚川‐静岡構造線**——新潟県の糸魚川から静岡に至る大断層。通称「糸静線」。

□**内的営力**——地殻変動、巨大地震など、地形に影響する地球内部からの力・作用。なお、その反対語の「外的営力」は侵食や風化など、地形に影響する地球外部からの力・作用。

□**断層**——地層に力が加わり、割れ目が生じ、両側がずれる現象。

□**中央構造線**——九州東部から、関東地方までつづく日本最長の断層。

□**断層崖**——断層運動によって生じた急傾斜の崖。「断層山脈」でよく見かける。

□**断層湖**——断層運動で生じた陥没地などに水がたまってできた湖。

□**断層盆地**——断層運動によって地盤が沈み、断層崖に囲まれるようになった地形。

□**断層海岸**——断層によって形成された海岸。切り立ったような急傾斜の崖面になる。

□**活断層**——過去百数十万年間に、ずれたことのある断層。震源となる可能性が高い。

□**褶曲**——地層が横からの圧力によって波状に曲がる現象。

□**関東ローム層**——富士山などの噴火によって火山灰層が堆積した関東地方の地層。

6章

地形で解く「気象」のなぜ?

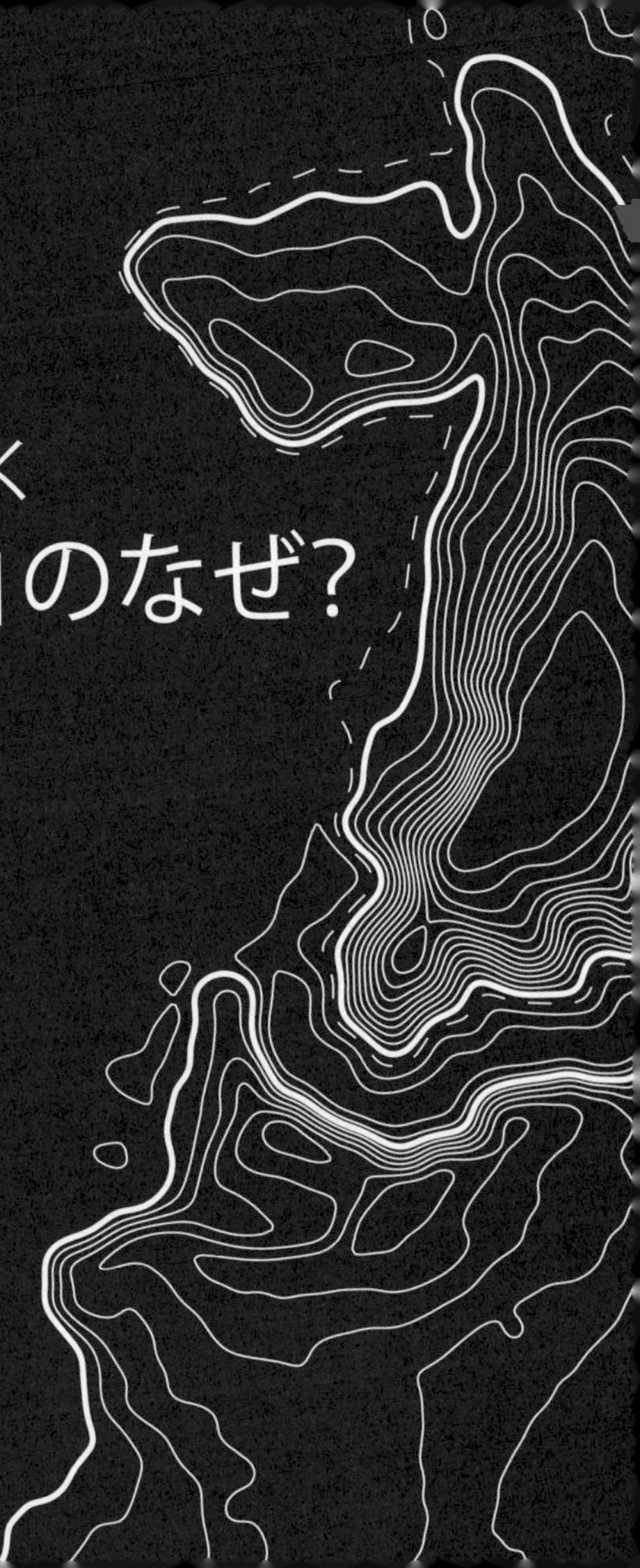

なぜ極端に暑い場所が生まれるの？

熊谷（埼玉）

「高校地理」の３本柱は、地形と地図と気象です。そこからもわかるように、地理学、とりわけ自然地理学では、「気象」は大きなカテゴリーなのです。この章では、日本の気象の謎と不思議を解き明かしてみましょう。まずは「暑さの謎」です。

「地球上で暑いところは？」というと、アメリカ西部の砂漠地帯、デスバレーの名があがるものです。

「デスバレー」は「死の谷」という意味ですが、その名は、19世紀半ばのゴールドラッシュの時代、カリフォルニアへの近道として、ここを通った探検隊が、暑さと水不足で遭難した事故に由来します。それほど、殺人的な暑さで、有名な土地です。

デスバレーの緯度は、日本の長野県とほぼ同じなのですが、その暑さは熱帯以上。過去には、摂氏58・3度を記録したこともあります。

デスバレーが緯度的には温帯なのに、そこまで暑くなるのには「フェーン現象」

が関係しています。

フェーン現象は、風（空気）が山越えし、反対側の山麓に吹き下ろすとき、山麓の気温が高くなる現象です。空気は、山の斜面を上昇するとき、乾燥しながら、100メートルにつき0・6度ずつ気温が下がっていきます。その一方、山を越えて吹き下ろすときには、100メートルにつき1度ずつ温度が上がるのです。その温度差によって、暖気を平野部にもたらすのが、フェーン現象です。

むろん、高低差が大きいほど、山から下りてくる空気は熱くなり、その地域の気温は上がります。デスバレーの背後には、標高4000メートル級の山々が立ち並ぶシエラネバダ山脈があり、そこから風が吹き下ろすため、フェーン現象に拍車がかかることになるのです。

日本の埼玉県熊谷市が暑くなるのも、基本的には同じ理由からです。

熊谷市では、2018年7月23日に、41・1度という全国最高の気温を記録しましたが、その日もフェーン現象が起きていました。北側の山地から熱風が吹き下りてきて、気温が上がったのです。

ただし、熊谷には、フェーン現象以外にも、気温が上がる理由があります。熊谷は、フェーン現象が起きていない日でも、35℃以上になることが多いのです。

その、もうひとつの原因は、ヒートアイランド現象です。

これは、エアコンの排気などで暖められた空気が、都市のコンクリートの照り返しなどでさらに暖められ、気温がどんどん上がっていく都市特有の現象です。

熊谷市は、関東平野のなかでも、内陸部に位置しているため、東京都心で暖められた空気が南風に乗って流れてきてたまり、気温が上がるのです。

熊谷市以外の都市でも、気温が上がる条件は、ほぼ同じです。たとえば、山梨県の甲府市も暑いことで有名ですが、その理由のひとつは熊谷と同様、フェーン現象が起きやすいことです。南アルプスを越えてくる熱気が吹き下ろすことで、気温が上がるのです。

そして、もうひとつの理由は、よく晴れること。甲府は、県庁所在地のなかで日照時間が最長の街であり、降水量が少ないことも、地表面が太陽光で温まりやすく、気温が上昇する原因になっています。

京都

京都の地形が寒気をもたらすのはどうして？

「暑さの謎」の次は、「寒さの謎」を解いてみましょう。北海道や東北地方など、高緯度地域が寒いのは当たり前のことですから、この項では、低緯度地域の寒さの謎を解いてみます。

緯度は比較的低いのに「寒い」ことで有名な土地に、京都があります。転勤や進学などで、京都へ引っ越してきた人には、京都の冬の底冷えに驚き、体調を崩す人が少なくありません。

京都の底冷えには、その「地形」が関係しています。

もともと、「更新世」（180万年〜1万年前）の頃、いまの京都にあたる地域は、瀬戸内海全体の陥没に伴って沈み込み、大阪湾につながる入り江のようになっていました。その後、周囲の山から土砂が流れ込み、堆積して陸地となりました。その過程で、京都は南北に細長い盆地となったのです。

そのため、盆地型の内陸性気候となり、寒暖差が激しくなりました。京都は、最も暑い月と最も寒い月の平均気温差が23℃以上もある寒暖差が大きい土地となったのです。

なお、前述の「更新世」は、以前は「洪積世」と呼ばれていた地質時代の区分です。「洪積世」は、「氷床の堆積物を『洪水』（本当は氷河）によって運ばれてきたもの」と勘違いしたことから、ついた名前でした。そうした誤認を含むところから、国際的には「更新世」と言い換えられています。

話を京都の寒さに戻します。冬場、日本列島には、シベリア方面から季節風が吹き込んできますが、京都盆地の北側の山々は標高が低く、丹波高地にしても、平均標高が600メートルほどしかありません。

そのため、シベリアからの風は、山にさえぎられることなく、直接、京都盆地へ吹き込んできます。そうして盆地内に冷気がたまり、盆地特有の朝夕の冷え込みが加わって、京都の冬はいよいよ寒くなっていくのです。

なお、日本一寒い町といわれる北海道の陸別町も、地形的には京都と同様の条件で、気温が下がります。

陸別町の冬の最低気温は、平均でマイナス20・5度。夜になると、マイナス30度まで下がることも珍しくない土地です。北海道内でも、陸別町がとりわけ寒いのは、京都と同じく、盆地であるため、風が通らず、冷気がたまりやすいからです。

また、陸別町では、冬場は晴れの日がつづき、上空に雲があまりありません。すると、昼間、太陽熱ですこしは暖められていた空気が、夜の間に冷え込んでしまうのです。

埼玉　よく晴れる関東でも、とりわけ埼玉が晴れるのは？

「快晴日数」を都道府県別に比べると、おおむね関東地方の各県が上位に並びます。埼玉県と群馬県は例年トップを争い、栃木県や茨城県もベスト10に入ってきます。それくらい、関東平野の各県は、よく晴れるのです。とりわけ、冬場、晴れの日が多く、それで日数を稼いでいます。

冬場、関東平野がよく晴れる理由は、北側を山に囲まれていることです。

日本海から吹いてくる湿った季節風は、関東平野の北側の山を越えるときに上昇気流となって雲をつくり、日本海側に雪を降らせます。その風が関東平野に到着するときには、日本海側でたっぷり雪を降らせたあとなので、水分を失って乾燥しています。そのため、関東名物の「からっ風」は吹くわけですが、空気が乾燥している分、雨は降りにくいというわけです。

関東平野のなかでも、とりわけよく晴れるのは埼玉県で、それは関東平野の北部にあって、海（太平洋）から比較的離れていることがあります。

太平洋側で発生した雨雲は、沿岸部の神奈川県や東京都で雨を降らせたあと、埼玉県にやってきます。その頃には、雨を降らせる力が弱まっているので、埼玉県ではさして降らないというわけです。

北関東
どうして雷が多いの？

前項で「関東地方は晴れの日が多い」と述べましたが、その反面、関東平野は雷が多い土地でもあります。

とりわけ、関東平野の北側に位置する栃木県と群馬県は、雷の多い土地で、夏場はほぼ1日おきに雷が発生します。栃木県の宇都宮市にいたっては、「雷都《らいと》」と呼ばれているほどです。

夏場、北関東に雷が多いのは、日本海側との間に高い山が連なっていることが、大きな原因です。

日本海側で雨を降らせた乾いた風は、山脈を越えて北関東に吹き込むとき、温度を上げながら吹き降ろす下降気流となります。

また、太平洋からは暖かく湿った空気が吹いてきますが、これも平野部では下降気流となります。そのため、北関東は、南北双方からの暖かな下降気流によって、夏場はかなりの高温になります。

その空気が、午後の日差しでさらに暖められると、上昇気流となって、雷雲を形成するのです。そして、夕刻、北関東一帯に雷鳴をとどろかすことになるのです。

また、群馬県には赤城山や榛名《はるな》山があり、栃木県には日光の山々がそびえています。それらの山腹や谷でも、日中の日射によって、空気が暖められます。すると、山肌に沿って、ここでも上昇気流が発生し、それも雷雲の発生に一役買います。その雷雲が発達しながら平野部上空へ流れてきて、夕刻から夜半にかけて、雷鳴をとどろかせることになるのです。

ただ、全国的には雷が最も多い地域は、北関東ではありません。日本海側の金沢市や福井市、新潟市、富山市などで、前橋市（群馬県）や宇都宮市を上回る数の雷が観測されているのです。

ただ、金沢市などの日本海側の〝雷状況〟が北関東とちがうのは、冬に雷が鳴ること。冬場、シベリアからの季節風が日本海を渡ってくるとき、水分をたっぷり含んで、積乱雲を発生させ、冬の「寒雷《かんらい》」が鳴りはじめるのです。

大台ヶ原（奈良・三重）
大量の雨が降る地形的理由とは？

紀伊半島の大台ヶ原《おおだい》は、奈良県と三重県の境あたりにある台地。「日本一、雨の多い地域」のひとつとして有名で、年間降水量は５０００ミリにものぼります。これは、東京の3倍以上にあたる数字です。過去には、8000ミリ以上降った年もあります。

なぜ、そんなに雨が多いかというと、第一の理由は「台風」です。台風が南方から接近してくると、太平洋に突き出した紀伊半島は、湿気を含んだ風をダイレクトに受けます。その風が大台ヶ原にすさまじい雨を降らせるのです。

台風以外では、大台ヶ原は、さほど雨の日が多いところではありません。九州の屋久島のように、毎日雨が降るというエリアではないのです。しかし、台風が通過するときには、滝のような土砂降りになって、年間降水量がはねあがるのです。

大台ヶ原は、主峰の大台ヶ原山で標高1695メートル、平均標高は1400メートルほどの周囲を崖に囲まれた台地です。大台ヶ原がそのような地形になったことにも、やはり雨が関係しています。山の高い部分が雨に削られて、平たくなったのです。大台ヶ原には、山を平たくするほどの雨が降るというわけです。

市街地では、大台ヶ原からさほど遠くない尾鷲《おわせ》市（三重県）が、雨の多い街として有名です。年間の降水量は、やはり東京の3倍程度。とくに雨が多いのは、やはり台風シーズンで、9月の降水量は東京の3・5倍にものぼります。1日に800

ミリ以上降ったこともあります。

台風以外でも雨がよく降るのは、南方に熊野灘、背後に紀伊山地があるという同市周辺の地形が関係しています。

熊野灘には、暖流の黒潮が流れてきます。黒潮の表面温度は、夏場は30度近く、冬でも18度と高く、黒潮の上にはいつも暖かな湿った空気が流れています。

その空気が、尾鷲市の背後の紀伊山地に衝突すると、斜面にそって上昇します。そして、標高１０００メートル級の紀伊山地を越える頃には、雲をつくっているというわけです。しかも、そこへは、熊野灘から、暖かく湿った空気がたえず吹き寄せてきます。雲はどんどん大きくなり、積乱雲化して、尾鷲の街は豪雨に見舞われることになるのです。

北陸　なにが北陸に大量の雪を降らせている？

富山、石川、福井県などの北陸地方は、北海道や東北地方にも劣らない豪雪地帯です。緯度は比較的低いのに、北陸地方に大量の雪が降ることには、その沖合で「日本海の幅が最も広くなっている」ことが関係しています。

冬場、シベリア方面から吹きつけてくる北西季節風は、日本海を渡るさい、大量の水蒸気を吸い上げます。その空気が北アルプスなどの山脈とぶつかると、日本海側の山沿いを中心に大量の雪を降らせるのです。

その降雪量は、季節風が海を渡るときに、どれだけの量の水蒸気を吸い上げるかによって決まってきます。むろん、時間をかけて、海上を渡ってきた空気のほうが、大量の水蒸気を吸い上げています。そのため、日本海の幅が最も広くなっている。先にある北陸地方に、より多くの水蒸気を含んだ空気が流れてくることになるのです。

そして、富山県から福井県にかけての背後には、白山、飛騨山脈（北アルプス）といった3000メートル級の山脈が連なっています。日本海で水蒸気をたっぷり吸い上げた寒気が、それらの高山を越えるさい、上昇気流となって雪雲をつくり、北陸地方に豪雪を降らせることになるのです。

その北陸地方の南側には、「降雪量日本一」、いや「世界一」を記録した土地があります。滋賀県の伊吹山です。

伊吹山は、かつて関ヶ原の戦いが繰り広げられた関ヶ原の北側、滋賀県と岐阜県の境にある山（山頂は滋賀県）です。この東京よりも緯度の低い、かつ標高も1377メートルとさほど高くはない山に、シベリアやアラスカ以上の雪が降り積もったのです。

その積雪記録が打ち立てられたのは、1927年（昭和2年）2月のこと。その日、伊吹山では1182センチメートルという積雪量を記録しました。

これは、観測可能な地点の積雪量として、ギネスブックにも記載されてきた記録です。

夏場は気軽にハイキングできる伊吹山に、それほど多くの雪が降るのも、むろんその主因は日本海を渡ってくるシベリアからの季節風。それほどに、このエリアには雪の降る条件がそろっているのです。

秋田・山形・新潟・富山 4県の共通点はどこにある？

日本海側の豪雪地帯は、日本を代表する「米どころ」でもあります。コシヒカリの新潟県や富山県、つや姫、ササニシキの山形県、アキタコマチの秋田県は、いずれも日本海側に位置しています。

もともと、米の原産地は、インドのアッサム地方です。インドと聞くと、暑いところのように思いますが、アッサム地方は、ヒマラヤ山脈に近く、昼間と夜間の気温差が大きいところです。米は、そうした環境に順応した遺伝子をいまも残していて、品種改良がすすんだ現在でも、昼夜の気温差が、おいしい米をつくる条件になるのです。

その点、日本海側は、ただ寒いだけの土地ではなく、夏場の日照時間は太平洋側とさして変わらず、日中の気温はけっこう高くなる土地です。夏場の季節風は、冬とは逆に太平洋側から吹いてくるのです。

その風は、当初は湿気をたっぷり含んでいるのですが、日本列島の中央部を走る山脈にさえぎられて湿気を失い、日本海側には乾いた風となって吹き下ろします。いわゆる「フェーン現象」は、日本海側でも起きるわけです。そして、日本海側の夏場の日中は、気温は高く、湿度は低いという状態になります。

そして、湿度が低いと、夜間は気温が下がりやすくなり、昼夜の寒暖差が大きくなります。その気温差が、米づくりには最適の条件のひとつになるというわけです。

釧路（北海道）・根室（北海道）
北海道の東部が、夏、霧に覆われるのは？

「霧の都」といえば、ロンドンです。

ロンドンで霧の出る日が多くなるのは、イギリス沖合を流れている海流が原因。イギリス沖には、南西からは温かいメキシコ湾流（暖流）、北東からは冷たい北極海流（寒流）が流れてきています。その2つの海流が、狭くなったドーバー海峡で衝突するのです。

すると、暖流が運んできた暖かく湿った空気が、寒流に冷やされます。すると、大量の海霧が発生して、それが流れ込んで、ロンドンの街をおおいつくすことになるのです。

例年、ロンドンでは、10月下旬から翌年の1月にかけて、濃霧が発生するのですが、それは、その時期、北極海流の勢いが強まるうえ、暖流と寒流の温度差が大きくなるためです。

一方、日本で、霧で有名な街といえば、北海道東部の釧路市や根室市の名があがります。両市は、ロンドンとは反対に、夏場、街全体が霧におおわれます。6月から8月にかけての約90日間で、50～60日も霧が出るくらいです。

同じ北海道のなかでも、それほどの霧におおわれるのは、釧路市や根室市のある東部の太平洋側だけ。なぜでしょうか？

それには、やはりロンドンと同様、海流が影響しています。

北海道東南部の沖合では、黒潮（暖流）と親潮（寒流）がぶつかっています。夏場は、この北の海域でも黒潮の水温が20度前後もあるのに対して、親潮の水温は8度ほどしかありません。その黒潮上の暖かく湿った空気が親潮の上にさしかかると、冷やされて凝結し、海霧が立つことになるのです。その海霧が風に乗って上陸、釧路や根室の街をおおいつくすというわけです。

霧が発生すると、太陽光がさえぎられて、地上に届かなくなり、気温が下がります。そのため、釧路や根室では、夏場でもストーブの必要な日があるくらいです。むろん、農作物は育ちにくくなり、冷害を招くこともあります。

西日本にも、霧で有名な街があります。広島県の三次《みよし》市です。

同市は深い霧が発生することで有名で、とりわけ、春と秋の早朝、霧が盆地に濃くたれ込め、周囲の山の頂から盆地内の同市を見下ろすと、まるで海に浮かぶ小島のように見えるほどです。

同市で濃霧が発生する原因は、海ではなく、「川」にあります。ただ、水と空気の温度差が関係しているという点では、ロンドンや釧路と発生メカニズムは同じです。

まず、同市には、多数の川が流れ込み、盆地の中心部で交わっています。そもそも、盆地では放射冷却が起きやすく、昼夜の寒暖差が大きくなります。そのため、放射冷却が起きた日は、空気は冷えているのに川の水の温度は低くなっていないという状態になります。すると、川の水が盛んに蒸発、それが冷たい空気で冷やされて、濃霧が発生するというわけです。

日本各地の風

ヤマセ、からっ風…あの風はどうやって生まれた？

この項では、日本列島を吹くいろいろな「風」について、お話ししましょう。まずは、東北地方の太平洋側で吹く「ヤマセ」です。

同地方では、毎年5～9月頃、「ヤマセ」（漢字では「山背」と書きます）と呼ばれる冷たい風が吹きます。北東から吹きつける冷たく湿った風で、気温を下げるだけでなく、農作物とくに稲に冷害をもたらします。別名「凶作風」「餓死風」とも呼ばれる恐ろしい風です。

この風が吹くのは、「オホーツク海高気圧」と「親潮」の影響です。

オホーツク海で発達した高気圧から吹き出す冷たい空気が、寒流の親潮の上を吹き渡り、湿度を高めながら、東北の太平洋岸までやってきます。

その空気は、陸地に流れ込んだ後、奥羽山脈にさえぎられて、日本海方面へは流れずに、太平洋側をおおいます。そのため、太平洋側だけに、冷たく湿った風がたまり、冷害に悩まされることになるのです。

次は、上州名物の「からっ風」です。

これは、冬場、関東平野を吹き抜ける乾いた風を指します。これまで述べてきたように、冬場、シベリアから吹いてくる季節風は、日本海を渡るときに湿り気を含みます。その湿った空気は、上越国境の三国山脈にぶつかって、日本海側に大量の雪を降らせます。

そして、水分を失った乾いた風が群馬県内（上州）を吹き抜けます。それが「からっ風」の正体です。前述した北陸の豪雪と関東平野の晴天、そしてこの上州のからっ風は、「三位一体」といってもいい気象現象なのです。

「遠州」（静岡県の西部）も、上州と並んで、からっ風で有名な土地です。遠州の背後にも、高い山並みが連なっています。北からの季節風がその山々を越えてくるため、遠州にもからっ風が吹くことになるのです。

一方、富山平野では、冬場、日本海側では珍しい「南風」が吹きます。その理由は、背後にそびえる立山連峰にあります。

富山平野でも、上空では北西からの風が吹いています。ただ、その風は、３００0メートル級の立山連峰にぶつかると、富山平野が山に囲まれているため、逃げ場を失い、その結果、局地的な高気圧が発生します。そこから吹き出す風が、風向きとしては南風になるのです。もっとも、南風といっても、暖かな風ではなく、むしろ北西からの季節風とぶつかりあって、豪雪の原因になる厄介な風です。

では、日本でいちばん強い風が吹く場所はどこでしょうか？

その候補は、むろん台風の通り道です。紀伊半島の潮岬《しおのみさき》や千葉県の犬吠崎などがその候補にあがりますが、過去、日本一の強風が吹き荒れたのは、沖縄県の宮古島です。１９６６年の台風18号のさい、最大瞬間風速85・３メートルを記録しています。

沖縄県以外では、１９６５年の台風23号のさい、室戸岬（高知県）で69・８メートルを記録したことがあります。同岬は、四国の南東、太平洋に突き出ている岬で、台風の日でなくても、たえず強風が吹きつけています。毎秒15メートル以上の風の吹く日が、平均で年間１００日以上もあるほどです。

一方、風がぴたっと止む「凪《なぎ》」にも、地形や海の状態が関係しています。その典型例が「瀬戸の夕凪」です。

瀬戸内地方では、夕方、風が止むことを「瀬戸の夕凪」と呼びます。夕暮れどきになっても、山風も海風も吹かないため、夏場など、いっこうに涼しくならないのです。

そのような現象が起きるのは、陸と海では、日中の温まり方がちがうためです。昼間、太陽が照りつけると、海よりも陸のほうが早く温まります。すると、陸地側の空気は軽くなって、上空へのぼっていきます。すると、その隙間に海からの空気が流れ込んで、海から陸に向かって風が吹きます。これが、瀬戸内地方で昼間吹く「海風」です。

逆に、夜になると、海よりも陸のほうが早く冷えます。すると、海側の暖かい空気が上空へのぼり、その隙間を埋めるように、陸地側から空気が流れ込みます。それが「陸風」です。

ところが、夕方は、陸上と海上の温度がほぼ同じになり、空気密度もほぼ等しくなるため、風がぴたりとやんでしまいます。それが「凪」と呼ばれる瀬戸内一帯に見られる現象です。

日本各地の天気
九州が晴れると、次の日の東京が晴れるのは？

日本の天気は、西から東に向けて、変わっていきます。

たとえば、九州や近畿地方で雨が降った翌日か翌々日には、関東地方で雨が降ることが多くなります。逆に、九州や近畿地方が晴れると、翌日か翌々日、関東地方が晴天に恵まれます。

そうした現象を「天気東漸《とうぜん》の法則」というのですが、この現象にも「風」が関係しています。ただし、その風は、地上を吹く風ではなく、はるか上空を吹く「偏西風」です。

偏西風は、南北両半球の中緯度地方の上空を一年を通して吹いている西寄りの風です。日本列島は、その風の吹く「偏西風帯」に属しています。

その偏西風の影響で、日本列島付近では、高気圧や低気圧も、西から東へ向かって移動します。そのため、九州で降っていた雨は、やがて近畿地方で降り出し、つづいて関東地方で降るということになりやすいわけです。晴天も、同様に西から東へと移っていきます。

梅雨前線
毎年決まった時期に雨が降る理由は？

春から夏へ季節が移り変わる頃、日本列島の上空では、2つの高気圧がぶつかり合っています。

ユーラシア大陸方面からは、オホーツク高気圧が張り出し、太平洋側からは、太平洋高気圧が張り出してきて、両者が押し合うような状態になるのです。その均衡状態が、梅雨の原因になります。

2つの高気圧のうち、オホーツク高気圧は冬の名残の冷たい空気を含み、太平洋高気圧は南の暖かい空気を含んでいます。

そのため、両者の境界線では、冷気と暖気が混じり合います。すると、大気の状態が不安定になって「梅雨前線」ができ、雨が降りやすくなるのです。

しかも、両者の勢力は拮抗しているので、その状態が長びき、梅雨が一か月以上もつづくことになるのです。

その梅雨が明けるのは、太平洋高気圧が勢力を拡大して、オホーツク高気圧を圧倒したときです。そして、天気予報の常套句でいえば、「日本列島は、太平洋高気圧にすっぽりとおおわれる」ことになり、本格的な夏がやってくるのです。

ヒマラヤ山脈
日本の梅雨とヒマラヤ山脈の深いつながりとは？

ここで、気象に関する「思考実験」をひとつ。もし、「世界の屋根」と呼ばれるヒマラヤ山脈がなかったら、日本の気象はどうなるでしょうか？

むろん、日本だけでなく、世界の気候は大きく変わり、生態系もいまとはちがうものになることは、確実です。むろん、気候も大きく変わり、日本ではまず「梅雨がなくなる」はずです。

梅雨前線は、前項で述べたように、オホーツク海高気圧と太平洋高気圧の均衡状態から生じますが、そのうち、オホーツク高気圧は、ジェット気流（偏西風のなかでも、高空を吹くとくに強い風）がヒマラヤ山脈にぶつかってできるものです。つまり、ヒマラヤ山脈がなければ、オホーツク高気圧は発生せず、梅雨もないということになるのです。

ヒマラヤ山脈がなければ、日本の冬の気候も一変します。日本列島では、冬になると日本海側が雪におおわれますが、日本海側に雪を降らせるのは、北西から吹きつける季節風です。

その季節風は、シベリアの冷気が東に流れてきたものですが、その冷気がなぜシベリアから南に流れないのかというと、その方角にヒマラヤ山脈が立ちはだかっているからです。

つまり、冬場、日本列島に北西の季節風が吹きつけるのは、シベリアの南側にヒマラヤ山脈があるからなのです。もし、同山脈がなければ、日本に流れ込むシベリアの冷気は格段に弱くなり、冬場、日本海側に降る雪も激減することでしょう。

プレート型地震
どうして大きな津波を伴うの？

地震には、大きく分けて、プレートが関係する「プレート型地震」と、断層が関係する「直下型地震」の2種類があります。

まずは、この項では、「プレート」が関係する地震について、お話ししましょう。

地球の表面は、十数枚のプレートにおおわれています。プレートは、地球表面をおおう厚さ70～150キロの巨大な岩盤で、プレートどうしは、端と端がピッタリと合わさっているわけではなく、上下に重なり合い、一方が一方の下にもぐり込むような状態になっていることがあります。そして、各プレートは、互いに別々な方向へすこしずつ移動しています。

その速さは、速いもので年に10センチ、遅いもので年に1センチ程度。地殻内では、そのプレートどうしがぶつかり合ったり、遠ざかったりしているのです。

また、プレートには「大陸プレート」と「海洋プレート」があり、大陸や海をのせて移動しています。両者の接点では、海洋プレートのほうが、大陸プレートよりも密度が高い（重い）ため、大陸プレートの下にもぐり込みます。そのとき、プレートにゆがみが生じ、そのゆがみに耐えきれなくなると、プレートは元に戻ろうとして、はね上がります。そのとき、巨大地震が発生するというわけです。

プレート型地震は、そのようなプレートの内外で起きる岩盤破壊やひび割れ、ずれが原因になります。それらが生じた場所が震源であり、その衝撃が地上に伝わって、地面を大きく揺らすことになるのです。

日本が世界有数の地震国であるのは、日本列島が太平洋プレート、フィリピン海プレート、ユーラシアプレート、北米プレートという4つのプレートに囲まれた特殊な位置にあるからです。世界でも、これほど多数のプレートが押し合う場所は珍しく、「世界有数の地震の巣」になっています。もうすこし詳しくいうと、日本列島は、北海道、東北、関東地方は「北アメリカプレート」の上に乗り、西日本は「ユーラシアプレート」の上に乗っています。さらに太平洋側（東側）からは太平洋プレート、南からはフィリピンプレートが押し寄せています。

そして、北米プレート、ユーラシアプレートの両プレートは、太平洋側から、太平洋プレートとフィリピン海プレートに押されています。地震や火山活動はプレートどうしの境界で起きることが多いため、日本列島では必然的に地震や火山噴火が多くなるのです。

世界的に見ても、過去に大地震のあった国や都市は、おおむねこのプレート境界に位置しています。ロサンゼルス、チリ、メキシコ、トルコ、台湾などです。

逆にいうと、プレートの真ん中あたりでは、地震はめったに起きません。たとえば、イギリスで暮らしていると、地震を体験することはまずありません。イギリスでは、1580年と1692年に「グレートアースクエイク（大地震）」が起きたと記録に残っていますが、この二回合わせて、死者はわずか二人。地震規模は震度2程度だったと見られています。いかにイギリスにとって、地震が珍しいことか、おわかりでしょう。

日本の場合、現在、プレート型地震のなかでも、とくに警戒されているのは、「南海トラフ地震」です。「トラフ」は、海洋プレートが沈み込むところで、「海溝」よりは浅いところを意味します。「南海トラフ」は大陸プレートの下にフィリピン海プレートが沈み込んでいる場所です。その南海トラフで起きる地震の怖いところは、震源が海岸線に近いため、津波があっという間にやってくることです。

過去、「南海トラフ地震」は、1世紀から2世紀に一度の割合で発生しています。前回の地震からすでに約80年が経過しているため、専門家には、2030年から40年の間が危ないと予測する人がいます。「南海トラフ地震はかならず起きる。パスはない」という人もいます。

細かく見ると、南海トラフ地震は、次の3つのパターンに分かれます。「東海地震」、「東南海地震」、「南海地震」の3パターンです。そして、3回に1回は、3つの地震が同時に起きる「三連動型」が発生します。次回は、順番からいうと、「三連動型」の番で、それも重大な懸念材料になっています。

直下型地震

何をもって「直下型」というのか？

警戒すべき地震は、もうひとつあります。「直下型地震」です。これは、「断層」が上下や水平にずれることによって起きる地震です。日本列島が乗っている大陸プレートの表層部では、あちこちにひび割れが生じています。そのうち、現在も動く可能性が高いのが、「活断層」です。その活断層が動いて、震源となるのです。

１９９５年1月、兵庫県南部を襲った阪神・淡路大震災は、この直下型地震でした。この地震のマグニチュードは7・2で、その規模だけでいえば、同程度の地震は、戦後だけでも20回以上は起きています。それなのに、阪神・淡路大震災が大きな被害を出したのは、大都市を襲った「直下型地震」だったからです。

現在、懸念されるのは、「首都直下地震」です。これは、都心の真ん中が震源になるという意味ではなく、政府は関東地方に19の震源域を想定し、そのどこで起きても「首都直下」ということになります。

そもそも、関東平野の地下には、無数の活断層が存在しています。そして、その大半はどこにあるかも、よくわかっていません。関東平野は沖積平野であり、川に運ばれてきた土砂や火山由来の関東ローム層におおわれています。その下に埋もれ、発見されていない活断層が多数眠っているのです。

同一の活断層が動くのは、数百年から数万年に一度といわれますが、活断層の数が多いため、東京（江戸）は周期的に大地震に見舞われてきたのです。

◎1行でわかる地理・地学キーワード──6章のまとめ

□**フェーン現象**──風が山越えして、反対側の山麓に吹き下ろすさい、気温が高くなる現象。

□**北西季節風**──冬場、シベリアから吹きつける風。北陸地方など、日本海側に豪雪をもたらす。

□**ヤマセ**──東北地方の太平洋側で、5~9月頃に吹く冷たく湿った風。

□**天気東漸の法則**──偏西風の影響で、高気圧・低気圧が西から東へ移動し、天気が西から東へと移り変わる現象・法則。

□**プレート型地震**──プレート周辺で起きる岩盤の破壊やずれが原因で発生する地震。

□**直下型地震**──断層が上下や水平にずれることによって起きる地震。

□**南海トラフ**──太平洋の深海で、大陸プレートの下に、フィリピン海プレートが沈み込む場所で、地震の巣。

コラム2　地形でわかる地名の謎

◉梅田——この「うめ」は何を意味している？

「梅田」は、大阪の「キタ」の中心地。いまは大阪を代表するビジネス・繁華街ですが、もともとは淀川河口の三角州にある湿地帯でした。その湿地を水田に変えようと、盛んに埋め立てを行ったことから、「埋田」の名がつき、それがやがて「梅田」に変化したと見られます。

◉池袋——この「袋」はどんな地形を表している？

いまの池袋は東京有数の繁華街ですが、昔の池袋は自然にできた遊水池があるようなのどかな場所でした。江戸時代には、いまの西口周辺に、面積1000平方メートルもの池がありました。「池袋」という地名は、そのことに由来するとされ、池袋とは「大きな〝袋〟のような池のある場所」の意味です。

⊙烏丸——この「カラス」はどんな地形を表している？

「烏丸通り」は、京都市街を南北に貫く通りで、「からすまる」ではなく、「からすま」と読みます。この「からすま」は、「カハラ（川原）」＋「ス（洲）」＋「マ（間）」が縮まってできた名と見られ、意味は「川原の洲の上に発達した土地」。鳥のカラスとは、何の関係もないわけです。

⊙香川——この「香」が表す地形は？

香川県の「香」の字は、「香東川《こうとうがわ》」に由来するという説が有力です。香東川は香川県中部を流れる全長33キロの川で、「風が吹くと、よい香りがする」という言い伝えがあります。『南海通記』と呼ばれる古い書物には、「この川は、水清く、根来山に花が咲き、西風が吹くと、よい香りがするので、香川と呼ぶ」という意味のことが書かれています。

⊙駿河——「駿」の意味は？

「駿河」は、静岡県の古い国名。静岡県内には、富士川、安倍川、大井川という大きな河川が流れ、いずれもかなりの急流です。「駿足」などというように「駿」には「はやい」という意味があり、「駿河」とは文字どおり、「はやい河」のある土地という意味。また、「駿」には「するどい」という意味もあるので、「駿川（するどがわ）」が転じて、「駿河（するが）」になったという説もあります。

◉野口五郎岳――「五郎」がつく山の名前があるのは？

「野口五郎岳」や「黒部五郎岳」など、「五郎」のつく山には、地質用語でいう「カール地帯」があります。それは、氷河の侵食によってできる地形で、山肌が氷河に削りとられて、岩石が「ゴロゴロ」ころがっています。それに漢字を当てて、山名に「五郎」がつくようになり、「野口五郎岳」は信州の野口村の近く、「黒部五郎岳」は黒部にあることから、そう名づけられました。

◉伊豆七島――「八島」あるのに「七島」と呼ばれるのは？

「伊豆七島」の島の数は、大島、利島《としま》、新島、式根島、神津島《こうづしま》、三宅島、御蔵島《みくらじま》、八丈島の八島。それでも「伊豆七島」と呼ばれるのは、17世紀までは7つしか島がなかったためです。その後、1703年の元禄地震で、新島から式根島が分かれて、八島となりました。それでも「七島」という名は変わらず、現在に至っています。

⊙登別――北海道の地名に「〜別」が多いのは？

北海道には、「登別」「紋別」「芦別」など、「別」のつく地名が多数あります。それは、アイヌ語で「川」のことを「ペッ」と呼ぶから。「別」は、その音に漢字を当てたものです。アイヌ民族は、川辺を暮らしの拠点とすることが多かったため、川に由来する地名が数多く残ることになりました。なお、「登別」のもとの名は「ヌペル・ペッ」で「水の色の濃い川」という意味。「紋別」は「モ・ペッ」で「静かな川」、芦別は「ハシュ・ペッ」で「樹木のなかを流れる川」という意味です。

青春文庫

地《ち》形《けい》で解《と》くすごい日《に》本《ほん》列《れっ》島《とう》

2022年 7 月20日　第 1 刷

編　者　おもしろ地理《ちり》学会《がっかい》

発行者　小 澤 源 太 郎

責任編集　株式会社プライム涌光

発行所　株式会社青 春 出 版 社

〒162-0056　東京都新宿区若松町 12-1
電話 03-3203-2850（編集部）
03-3207-1916（営業部）
振替番号　00190-7-98602

印刷／中央精版印刷
製本／フォーネット社
ISBN 978-4-413-29808-7